上海市工程建设规范

高层建筑整体钢平台模架体系技术标准

Technical standard for hydraulically climbing integrated scaffolding and formwork with steel platform for high-rise building

DG/TJ 08－2304－2019
J 14818－2019

主编单位：上海建工集团股份有限公司
批准部门：上海市住房和城乡建设管理委员会
施行日期：2020 年 1 月 1 日

同济大学出版社

2019　上海

图书在版编目(CIP)数据

高层建筑整体钢平台模架体系技术标准/上海建工集团股份有限公司主编. --上海:同济大学出版社,2020.1

ISBN 978-7-5608-8925-2

Ⅰ. ①高… Ⅱ. ①上… Ⅲ. ①高层建筑—钢结构—脚手架—技术标准—上海 Ⅳ. ①TU731.2-65②TU974-65

中国版本图书馆 CIP 数据核字(2019)第 289669 号

高层建筑整体钢平台模架体系技术标准

上海建工集团股份有限公司　主编

策划编辑　张平官

责任编辑　朱　勇

责任校对　徐春莲

封面设计　陈益平

出版发行　同济大学出版社　www.tongjipress.com.cn

（地址:上海市四平路 1239 号　邮编:200092　电话:021－65985622）

经　　销　全国各地新华书店

印　　刷　浦江求真印务有限公司

开　　本　889mm×1194mm　1/32

印　　张　3

字　　数　81000

版　　次　2020 年 1 月第 1 版　　2020 年 1 月第 1 次印刷

书　　号　ISBN 978-7-5608-8925-2

定　　价　30.00 元

上海市住房和城乡建设管理委员会文件

沪建标定〔2019〕526号

上海市住房和城乡建设管理委员会
关于批准《高层建筑整体钢平台模架体系技术标准》为上海市工程建设规范的通知

各有关单位：

由上海建工集团股份有限公司主编的《高层建筑整体钢平台模架体系技术标准》，经我委审核，现批准为上海市工程建设规范，统一编号为DG/TJ 08—2304—2019，自2020年1月1日起实施。

本标准由上海市住房和城乡建设管理委员会负责管理，上海建工集团股份有限公司负责解释。

特此通知。

上海市住房和城乡建设管理委员会

二〇一九年八月二十六日

前　言

根据原上海市城乡建设和交通委员会《关于印发〈2007年上海市工程建设规范和标准设计编制计划〉的通知》(沪建交〔2007〕184号)的要求，标准编制组经广泛调查研究，结合高耸混凝土结构整体爬升钢平台模架施工工艺发展的现状与特点，在反复征求意见的基础上，制定了本标准。

本标准的主要内容有：总则；术语；基本规定；内筒外架式整体钢平台模架；钢柱支撑式整体钢平台模架；钢梁与筒架交替支撑式整体钢平台模架；钢柱与筒架交替支撑式整体钢平台模架；加工制作与质量检验；施工控制与安全管理。

各单位及相关人员在执行本标准时，如有意见或建议，请反馈至上海建工集团股份有限公司(地址：上海市东大名路666号；编码：200080；E-mail：scgbzgfs@163.com)，或上海市建筑建材业市场管理总站(地址：上海市小木桥路683号；邮编：200032；E-mail：bzglk@zjw.sh.gov.cn)，以供今后修订时参考。

主 编 单 位：上海建工集团股份有限公司

参 编 单 位：上海建工一建集团有限公司
上海市建设机械检测中心有限公司

主要起草人：龚　剑　朱毅敏　王小安　徐　磊　黄玉林
扶新立　周　虹　林　海　汤坤林　魏永明
秦鹏飞　王明亮　马　静　杨德生　李佳伟

主要审查人：周之峰　赵敖齐　罗玲丽　蔡来炳　王　杰
梁淑萍　叶国强

上海市建筑建材业市场管理总站

2019年6月

目　次

1　总　则 …………………………………………………… 1
2　术　语 …………………………………………………… 2
3　基本规定 ………………………………………………… 5
3.1　一般规定 ……………………………………………… 5
3.2　设计与制作 …………………………………………… 6
3.3　安装与拆除 …………………………………………… 9
3.4　施工作业 ……………………………………………… 9
4　内筒外架式整体钢平台模架 …………………………… 11
4.1　系统构成 ……………………………………………… 11
4.2　设计计算 ……………………………………………… 12
4.3　构造要求 ……………………………………………… 13
5　钢柱支撑式整体钢平台模架 …………………………… 16
5.1　系统构成 ……………………………………………… 16
5.2　设计计算 ……………………………………………… 17
5.3　构造要求 ……………………………………………… 19
6　钢梁与筒架交替支撑式整体钢平台模架 ……………… 21
6.1　系统构成 ……………………………………………… 21
6.2　设计计算 ……………………………………………… 22
6.3　构造要求 ……………………………………………… 23
7　钢柱与筒架交替支撑式整体钢平台模架 ……………… 25
7.1　系统构成 ……………………………………………… 25
7.2　设计计算 ……………………………………………… 26
7.3　构造要求 ……………………………………………… 28

8 加工制作与质量检验 …… 30
8.1 一般规定 …… 30
8.2 材料要求 …… 30
8.3 构件制作和部品选择要求 …… 31
8.4 构件防腐涂装要求 …… 33
8.5 构件和部品质量检验 …… 33
9 施工控制与安全管理 …… 38
9.1 一般规定 …… 38
9.2 安装与拆除 …… 38
9.3 施工作业 …… 42
9.4 安全管理 …… 45
附录A 整体钢平台模架安装及使用检查验收表 …… 48
附录B 整体钢平台模架爬升前检查验收表 …… 51
附录C 整体钢平台模架提升令 …… 53
附录D 整体钢平台模架爬升后检查表 …… 54
本标准用词说明 …… 55
引用标准名录 …… 56
条文说明 …… 57

Contents

1 General provisions ······ 1
2 Terms ······ 2
3 Basic requirements ······ 5
3.1 General requirements ······ 5
3.2 Design and fabrication ······ 6
3.3 Installation and dismantling ······ 9
3.4 Construction work ······ 9
4 Inner framed-tube and outer framed-tube supported type ······ 11
4.1 Composition ······ 11
4.2 Design ······ 12
4.3 Detailing ······ 13
5 Steel column supported type ······ 16
5.1 Composition ······ 16
5.2 Design ······ 17
5.3 Detailing ······ 19
6 Steel beam and framed-tube supported type ······ 21
6.1 Composition ······ 21
6.2 Design ······ 22
6.3 Detailing ······ 23
7 Steel column and framed-tube supported type ······ 25
7.1 Composition ······ 25
7.2 Design ······ 26
7.3 Detailing ······ 28

8 Fabrication and quality inspection ······························ 30
8.1 General requirements ······························ 30
8.2 Material ······························ 30
8.3 Fabrication and component selection ······························ 31
8.4 Requirements for anticorrosive coating of components ······························ 33
8.5 Quality inspection of components and parts ······························ 33
9 Construction control and saftey management ······························ 38
9.1 General requirements ······························ 38
9.2 Installation and dismantling ······························ 38
9.3 Construction work ······························ 42
9.4 Safety management ······························ 45
Appendix A Record table for inspection of installtion and using of the equipment ······························ 48
Appendix B Record table for inspection before climbing of the equipment ······························ 51
Appendix C Order table for climbing of the equipment ······························ 53
Appendix D Record table for inspection after climbing of the equipment ······························ 54
Explanation of wording in this standard ······························ 55
List of quoted standards ······························ 56
Explanation of provisions ······························ 57

1 总 则

1.0.1 为在高层现浇混凝土结构施工中，模板及脚手架工程做到技术先进、工艺合理、资源节约、环境保护，保证工程施工安全和质量，促进施工装备标准化，制定本标准。

1.0.2 本标准适用于高层现浇混凝土结构施工用整体爬升钢平台模架的设计、制作、安装、施工作业和拆除。

1.0.3 整体钢平台模架除应符合本标准外，尚应符合国家与本市现行有关标准的规定。

2 术 语

2.0.1 整体爬升钢平台模架 hydraulic climbing integrated scaffolding and formwork with steel platform

整体全封闭式的钢平台系统和吊脚手架系统，通过支撑系统或爬升系统将荷载传递给混凝土主体结构，采用动力系统驱动，运用支撑系统与爬升系统交替支撑进行爬升和模板系统作业，实现混凝土结构工程施工的装备。简称整体钢平台模架。

2.0.2 钢平台系统 steel platform system

设置于整体钢平台模架顶部，由钢平台框架、盖板、格栅盖板、围挡、安全栏杆等部件通过安装组成，用于实现作业的钢结构平台系统。

2.0.3 吊脚手架系统 hanging scaffolding system

由脚手吊架、走道板、围挡板、楼梯组成，悬挂在钢平台框架上，用于实现作业的脚手架。

2.0.4 筒架支撑系统 framed-tube supporting system

由竖向、横向型钢杆件根据宽度、长度、总高度要求制作形成，竖向型钢杆件顶端连接在钢平台框架上用于支承钢平台系统以及实现结构施工的作业，通过其上设置的竖向支撑装置将荷载传递给混凝土结构的钢结构框架系统。

2.0.5 筒架爬升系统 framed-tube climbing system

由竖向、横向型钢杆件根据宽度、长度、总高度要求制作形成钢格构式结构，通过其上设置的竖向支撑装置支撑于混凝土结构、钢牛腿支承装置或附墙钢板支承装置，采用其上设置的双作用液压缸动力系统顶升或钢柱结合蜗轮蜗杆动力系统提升，实现整体钢平台模架爬升的系统。

2.0.6 钢梁爬升系统 steel beam climbing system

由钢型材制作形成钢梁式或平面钢框式结构，通过其上设置的竖向支撑装置支撑于混凝土结构，采用其上设置的双作用液压缸动力系统顶升或钢柱结合蜗轮蜗杆动力系统提升，实现整体钢平台模架爬升的系统。

2.0.7 工具式钢柱爬升系统 instrumental steel column climbing system

由具有爬升孔的钢板组合焊接形成定长可重复周转使用的箱型钢柱，箱型钢柱下端固定在混凝土结构上，通过其上设置的双作用液压缸动力系统驱动附着在箱型钢柱上的爬升靴组件装置向上爬升，实现整体钢平台模架爬升的系统。

2.0.8 劲性钢柱爬升系统 structural steel column climbing system

由混凝土结构中的劲性钢柱作为爬升钢柱，通过在其上设置蜗轮蜗杆动力系统以及钢平台系统的支撑装置，采用钢柱上设置的蜗轮蜗杆动力系统提升，实现整体钢平台模架爬升的系统。

2.0.9 临时钢柱爬升系统 temporary steel column climbing system

由施工需要设置于混凝土结构的临时钢柱作为爬升钢柱，通过在钢柱销孔位置放置承重销或设置爬升孔，采用临时钢柱上设置的蜗轮蜗杆动力系统提升或采用双作用液压缸动力系统驱动附着在临时钢柱上的爬升靴组件装置向上爬升，实现整体钢平台模架爬升的系统。

2.0.10 模板系统 formwork system

由模板面板、模板背肋、模板围檩、模板对拉螺栓通过安装组成，用于保证现浇混凝土结构几何形状以及截面尺寸，并承受浇筑混凝土过程传递过来荷载的系统。

2.0.11 防坠挡板 falling-preventing backplate

由金属薄板制作形成，安装在脚手架底层走道板以及筒架支撑系统或钢梁爬升系统底部，封闭与结构墙体之间的空隙，用于在作业过程中防止物体坠落的装置。

2.0.12 竖向支撑装置 vertical support part

在整体钢平台模架中，用于将竖向荷载传递给混凝土结构支承凹槽、钢牛腿支承装置的支撑限位装置。

2.0.13 水平限位装置 horizontal limit part

在整体钢平台模架中，用于将水平荷载传递给混凝土结构的支撑限位装置。

2.0.14 蜗轮蜗杆动力系统 worm gear power system

由电动机经链轮传动变速箱的蜗杆，驱动蜗轮中心螺母带动螺杆上升和下降运动，驱动及控制整体钢平台模架爬升的系统。

2.0.15 双作用液压缸动力系统 double-action hydraulic cylinder power system

由液压控制泵站向液压缸活塞两侧输入压力油形成液体压力驱动活塞杆往复运动，驱动及控制整体钢平台模架爬升和功能部件移位的系统。

2.0.16 爬升靴组件装置 climbing head component

由成对设置或单个设置的上下爬升靴附着在具有爬升孔的钢柱或钢导轨上，通过双作用液压缸驱动上下爬升靴交替支撑与爬升，实现整体钢平台模架爬升的装置。

2.0.17 承重销 weight-bearing

由钢板或型钢制作的短梁，用于设置在爬升钢柱上支撑蜗轮蜗杆动力系统以及钢平台系统的装置。

2.0.18 混凝土结构支承凹槽 recess for supporting in concrete structure

由设置在现浇混凝土结构中的成型模具，通过混凝土浇筑形成，用于支承竖向支撑装置的钢筋混凝土平台。

2.0.19 钢牛腿支承装置 supporting part with steel bracket

由钢板焊接制作成支承件，连接于混凝土结构、劲性钢柱或临时钢柱，用于支承竖向支撑装置的钢结构组件。

3 基本规定

3.1 一般规定

3.1.1 整体钢平台模架的设计、制作、安装、拆除和施工作业应做到安全适用、经济合理。

3.1.2 整体钢平台模架应根据现浇混凝土结构体系和体型特征进行设计，并应做到构造简单、受力明确、施工高效。

3.1.3 整体钢平台模架应按施工作业中的爬升、作业、非作业三个阶段进行设计。

3.1.4 整体钢平台模架在安装完成后，应由第三方的建设机械检测单位进行使用前的性能指标和安装质量检测，检测完成后应出具检测报告。

3.1.5 整体钢平台模架的设计、制作、安装、拆除和施工作业应编制专项方案。专项方案应包括下列内容：

1 现浇结构工程概况以及整体钢平台模架设计概况。

2 系统构件主要设计图纸以及各系统之间的构造连接图纸。

3 设计计算方法以及计算结果。

4 安装、拆除的方法和技术措施。

5 施工作业标准流程以及特殊结构部位施工作业流程。

6 施工作业方法以及特殊结构部位施工作业方法。

7 防雷接地方法以及技术措施。

8 保证安全和质量的技术措施。

9 预计可能发生突发事件的应急预案。

10 管理组织构架以及管理方案。

3.1.6 整体钢平台模架施工作业应安装不少于2个自动风速记录仪，并应根据风速监测数据对照设计要求控制施工过程。

3.2 设计与制作

3.2.1 整体钢平台模架在设计时，应综合协调混凝土结构施工塔吊、施工升降机、布料设备的方案，并应确定相互作用的荷载，做到合理利用、安全可靠。

3.2.2 整体钢平台模架结构设计宜采用整体建模模型进行计算，也可采用简化模型进行计算。模型选取应符合实际受力情况，必要时也可通过相关试验确定计算模型。

3.2.3 整体钢平台模架应根据施工作业过程中的各种工况进行设计，并应具有足够的承载力、刚度、整体稳固性。

3.2.4 整体钢平台模架中钢平台系统和吊脚手架系统施工活荷载宜按均布荷载施加，其标准值可按施工实际情况确定，也可按表3.2.4确定。

表 3.2.4 施工活荷载标准值取值(kN/m²)

工况类型	钢平台系统	吊脚手架系统	
	施工活荷载标准值	每一作业层施工活荷载标准值	总施工活荷载
作业阶段	5.0	3.0	5.0
爬升阶段	1.0	1.0	2.0

3.2.5 整体钢平台模架的风荷载标准值取值应符合下列规定：

1 整体钢平台模架在爬升阶段、作业阶段以及安装与拆除过程的风荷载标准值可按下列公式计算，也可按现行国家标准《建筑结构荷载规范》GB 50009 的规定取值，其中重现期可按本条第3款确定，但计算得到的风荷载标准值不应超过下列公式计算的风荷载标准值：

$$w_k = \beta_z \mu_s w_1 \tag{3.2.5-1}$$

$$w_1 = \frac{1}{2}\rho v_1^2 \qquad (3.2.5\text{-}2)$$

式中：w_k——风荷载标准值（kN/m^2）；

β_z——高度 z 处的风振系数，可取 1.0～1.3，也可按实际情况选取；

μ_s——风荷载体型系数，可按现行国家标准《建筑结构荷载规范》GB 50009 的规定取值，计算时应根据整体钢平台模架的封闭情况计入挡风系数的影响；

w_1——计算风压（kN/m^2），应按式（3.2.5-2）计算；

ρ——施工期间当地空气密度（t/m^3），可按国家标准《建筑结构荷载规范》GB 50009－2012 第 E.2.4 条第 3 款计算；

v_1——计算风速（m/s），安装与拆除过程取 14.0m/s，爬升阶段取 20.0m/s，作业阶段取 36.0m/s。

2 整体钢平台模架在非作业阶段的风荷载标准值应按现行国家标准《建筑结构荷载规范》GB 50009 的规定计算，风振系数、风荷载体型系数可按照本条第 1 款确定。

3 当建筑地表以上结构的施工期少于 3 年时，重现期不应低于 5 年；当施工期大于等于 3 年或建筑位于台风多发地区时，可根据实际情况适度提高重现期。不同重现期的风压可按国家标准《建筑结构荷载规范》GB 50009－2012 中式（E.3.4）计算。

3.2.6 整体钢平台模架结构应按照现行国家标准《钢结构设计规范》GB 50017 进行承载力与变形计算。计算应符合下列规定：

1 受弯构件应验算抗弯承载力、抗剪承载力与变形。

2 受压构件应验算抗压承载力，压弯构件应验算承载力与变形。

3 受拉构件应验算抗拉承载力，拉弯构件应验算承载力与变形。

4 连接节点应验算连接强度，局部承压部位应验算局部承压强度。

5 整体钢平台模架结构应验算整体水平位移，钢平台系统应验算竖向变形，吊脚手架系统应验算水平变形。

6 整体钢平台模架结构中直接承受动力荷载的构件及节点，应进行疲劳验算。

7 整体钢平台模架结构与建筑结构的连接节点应验算连接强度，搁置于建筑结构上的竖向支撑装置宜采用有限元分析验算其承载力。

8 当竖向支撑装置支撑于预埋在混凝土结构上的钢牛腿支承装置时，应对钢牛腿支承装置的承载力进行验算；当竖向支撑装置支撑于混凝土结构支承凹槽时，应对混凝土结构承载力进行验算。

9 蜗轮蜗杆提升机、双作用液压缸等动力设备应验算承载力，其额定承载力不应小于设计计算轴力设计值的1.2倍；动力设备连接节点的承载力不应低于动力设备的额定承载力。

3.2.7 钢平台系统、吊脚手架系统、支撑系统、爬升系统、模板系统设计制作宜采用标准模块化的构件组装形式。

3.2.8 钢平台系统以及吊脚手架系统周边应采用全封闭方式进行安全防护；吊脚手架底部以及支撑系统或钢梁爬升系统底部与结构墙体间应设置防坠挡板。

3.2.9 爬升系统宜采用双作用液压缸动力系统，也可采用蜗轮蜗杆动力系统或其他适用的动力系统。

3.2.10 筒架支撑系统、钢梁爬升系统、钢平台系统竖向支撑装置的搁置长度应满足设计要求，承力销应有足够的承载力。

3.2.11 整体钢平台模架应进行防雷接地专项设计，各系统构件之间以及系统与系统之间应可靠连接，并应采取保证整体防雷有效性的技术措施。

3.2.12 整体钢平台模架的设计制作宜采用建筑信息模型仿真技术对各系统以及整体进行拼装和工艺检查，并应保证整体钢平台模架各系统功能的实现。

3.2.13 制作所用材料和部件应有质量证明文件，其品种、规格、质量指标应符合国家产品标准，并应满足设计文件的要求。

3.3 安装与拆除

3.3.1 整体钢平台模架在安装和拆除前，应根据系统构件受力特点以及分块或分段位置情况制定安装和拆除的顺序以及方法。

3.3.2 整体钢平台模架安装、拆除采用分块或分段方式进行时，应根据受力需要设置临时支撑，并应确保分块、分段部件安装和拆除过程的稳固性。

3.3.3 整体钢平台模架在安装或拆除前，应对其上物体进行清理，以防止安装或拆除过程高空物体坠落。

3.4 施工作业

3.4.1 整体钢平台模架安装后应经检测合格方可使用，使用过程中应挂施工作业制度标牌。

3.4.2 整体钢平台模架钢平台系统、吊脚手架系统和筒架支撑系统上的设备、工具和材料放置应有具体实施方案，堆放荷载不得超过设计要求。

3.4.3 整体钢平台模架爬升和作业时，最大风速不应超过设计要求，风速应根据风速记录仪监测数据结合天气预报数据确定。

3.4.4 整体钢平台模架的筒架支撑系统、钢梁爬升系统竖向支撑装置搁置于混凝土结构支承凹槽、钢牛腿支承装置时，支撑部位混凝土结构实体抗压强度应满足设计要求，且不应小于 20MPa。

3.4.5 整体钢平台模架钢柱爬升系统支撑于混凝土结构时，混凝土结构实体抗压强度应满足设计要求，且不应小于 10MPa。

3.4.6 整体钢平台模架使用过程中，塔吊吊运物体不得碰撞各系统部件。

3.4.7 整体钢平台模架爬升到位后应全面检查吊脚手架系统、筒架支撑系统或钢梁爬升系统底部防坠挡板的封闭性，以防止高空坠物。

3.4.8 整体钢平台模架使用阶段每次爬升后应检测防雷接地装置，并应确保防雷接地装置的持续有效。

3.4.9 整体钢平台模架在整个使用过程中，应清理其上的废弃物，并保持施工作业环境清洁。

3.4.10 整体钢平台模架因恶劣天气、故障等原因停工，复工前应进行全面检查。

3.4.11 整体钢平台模架爬升及作业阶段宜采用信息化控制技术。

4 内筒外架式整体钢平台模架

4.1 系统构成

4.1.1 内筒外架式整体钢平台模架应包括钢平台系统、吊脚手架系统、筒架爬升系统、筒架支撑系统、模板系统（图 4.1.1）。

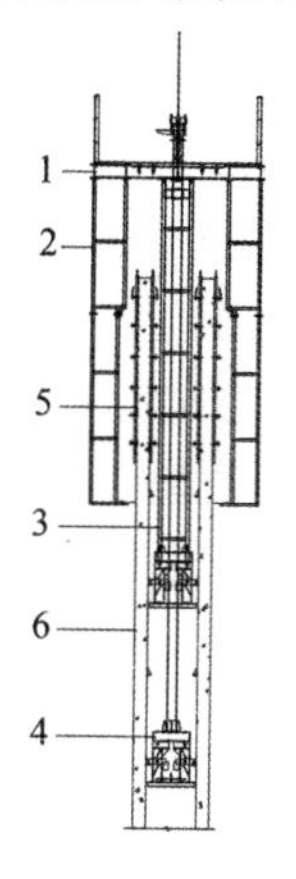

1—钢平台系统；2—吊脚手架系统；3—筒架支撑系统；
4—筒架爬升系统；5—模板系统；6—混凝土结构

图 4.1.1 内筒外架式整体钢平台模架系统组成

4.1.2 钢平台系统应包括钢平台框架、盖板、格栅盖板、围挡板、安全栏杆等。

4.1.3 吊脚手架系统应包括脚手吊架、走道板、围挡板、楼梯等。

4.1.4 筒架爬升系统应包括竖向型钢杆件、横向型钢杆件、竖向支撑装置、动力系统等。动力系统可采用蜗轮蜗杆提升动力系统；当采用蜗轮蜗杆提升动力系统时，筒架爬升系统应设置钢柱。

蜗轮蜗杆提升机动力系统应包括机械式蜗轮蜗杆提升机、电动机、螺杆、安装底架等。

4.1.5 筒架支撑系统应包括竖向型钢杆件、横向型钢杆件、竖向支撑装置、水平限位装置等。

4.1.6 模板系统应包括模板面板、模板背肋、模板围檩、模板对拉螺栓等。

4.2 设计计算

4.2.1 内筒外架式整体钢平台模架结构应对钢平台系统、吊脚手架系统、筒架爬升系统、筒架支撑系统、模板系统的承载力与变形进行验算，并应对构件连接节点、系统连接节点、系统与主体结构连接节点的承载力进行验算。

4.2.2 筒架爬升系统计算稳定承载力时，筒架支撑系统上与其接触的水平限位装置可作为筒架爬升系统结构的侧向支撑。

4.2.3 筒架支撑系统计算承载力与变形时，筒架支撑系统与混凝土墙体之间的水平限位装置可作为弹簧单元参与计算，弹簧单元刚度的取值应通过实测或数值分析确定。

4.2.4 内筒外架式整体钢平台模架爬升过程中，筒架支撑系统临时搁置于筒架爬升系统时，应对临时搁置处的转动式竖向支撑装置(图 4.2.4)进行承载力验算。

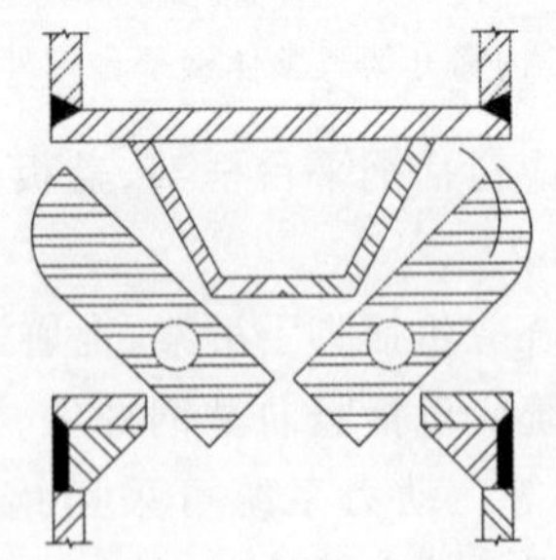

图 4.2.4 转动式竖向支撑装置

4.3 构造要求

4.3.1 钢平台系统构造应符合下列规定：

1 钢平台系统应设置在施工层混凝土结构上方，其平面应覆盖施工层混凝土结构，并延伸至外墙脚手架区域。钢平台系统与塔吊塔身的水平间距不应小于400mm，与施工升降机的水平间距不应小于80mm。

2 钢平台框架宜采用钢桁架制作，并宜采用主次梁布置。

3 钢平台盖板由面板和骨架焊接组成，面板应采用厚度不小于4mm的花纹钢板焊接于型钢骨架上。

4 钢平台围挡由围挡板和型材立柱连接组成，围挡板的骨架纵横间距不宜大于600mm。

5 钢平台安全栏杆宜采用型钢制作，高度不应小于1.2m。

4.3.2 吊脚手架系统构造应符合下列规定：

1 吊脚手架系统应设置在现浇混凝土结构侧向位置，高度应满足现浇混凝土结构施工以及结构养护需要。

2 脚手吊架宜采用型钢或其他金属材料焊接制作，脚手吊架总高度不宜小于2个结构标准层高度，且宜采用分段设计，分段连接处宜采用螺栓连接。

3 脚手走道板的金属骨架宜采用型钢或其他材料焊接制作，金属骨架纵横间距不宜大于600mm，金属骨架连接焊缝应满焊；脚手走道板长、宽尺寸应根据脚手吊架的宽度及相邻脚手吊架的间距确定；底部脚手走道板面板宜采用花纹钢板，其余脚手走道板面板可采用厚度不小于4mm钢板网；钢板网孔洞最大尺寸不应大于100mm。

4 脚手围挡板的金属骨架宜采用型钢焊接制作，金属骨架纵横间距不宜大于600mm，金属骨架连接焊缝应满焊；脚手围挡板长、宽尺寸应根据脚手步距及相邻脚手吊架的间距确定；脚手围挡面板可采用金属网板，也可采用胶合板；网板孔洞尺寸不应大于 10mm；脚手围挡面板与金属骨架宜采用螺栓或焊接连接，连接节点的间距不宜大于 200mm，面板角部应连接固定。

5 防坠挡板可采用薄钢板制作，每块防坠挡板应设置不少于 2 个用于防坠挡板固定和移动的长圆孔；长圆孔的长度应满足防坠挡板伸缩的要求；防坠挡板宽度不宜小于 250mm，长度不应大于 1.8m，厚度不应小于 4mm。

4.3.3 内筒外架系统构造应符合下列规定：

1 筒架爬升系统宜采用格构方式用型钢焊接或螺栓连接制作，竖向受力杆件宜采用方钢管或圆钢管；横向型钢杆件应满足走道板连接要求；筒架爬升系统腔体空间高度应满足与筒架支撑系统相对运动和相对约束的爬升需要。

2 筒架爬升系统应设置中柱，中柱宜采用钢管，中柱长度不宜小于标准层高的 4 倍。

3 筒架支撑系统宜采用格构方式用型钢焊接或螺栓连接制作，竖向主要受力杆件宜采用方钢管或圆钢管；横向杆件应满足走道板连接要求。

4 筒架支撑系统的走道板、围挡板和防坠挡板的构造应符合本标准第 4.3.2 条第 3～5 款的规定。

5 爬升过程中，筒架支撑系统临时搁置于筒架爬升系统钢柱时，宜采用转动式竖向支撑装置。转动式竖向支撑装置应由箱体反力架腔体与转动式承力销组成，转动式承力销宜通过自重进行复位满足转动支承要求。

4.3.4 蜗轮蜗杆动力系统构造及选型应符合下列规定：

1 蜗轮蜗杆提升机应根据提升力、提升速度、螺杆长度等参数进行选型。

2 提升螺杆长度宜满足一个楼层两次提升的要求。

3 提升速度不宜超过 40mm/min。

4 提升机底座应具有足够的刚度与平整度。底座安装孔宜为长圆孔。

4.3.5 模板系统构造应符合下列规定：

1 模板应具有足够的承载能力、刚度和稳定性，应能可靠承受新浇混凝土自重和侧压力以及施工过程中所产生的荷载。

2 手拉葫芦链条长度应满足提升一个层高的要求。

3 模板面板宜采用钢板、酚醛树脂面膜的木(竹)胶合板；面板上应设有止浆线条；当面板由多块板拼成时，拼接缝应设置在主、次肋上，板边应固定。

4 模板背肋间距不宜大于300mm，并应均匀分布；背肋宜采用5号或6.3号槽钢或方管。

5 模板围檩间距不宜大于700mm，截面不宜小于8号双拼槽钢；围檩两端应设置用于互相连接的构造装置；大模板吊点的设置应安全可靠、位置合理，在模板上部围檩上，应设置不少于3个提升吊环。吊环直径不宜小于20mm。

6 模板对拉螺栓直径宜为16mm～20mm；墙体厚度超过800mm时，对拉螺栓宜分节设置；对拉螺栓与主体结构内钢构件位置重叠时，宜在钢构件上开孔或设置连接套筒；连接套筒与钢构件连接应在工厂制作完成。

7 模板系统的面板采用钢板时，面板与背肋的连接应采用焊接；面板采用木模板时，面板与背肋的连接应采用沉头螺栓。

8 模板吊点梁的设计应满足不同结构墙厚和墙体收分等要求。模板吊点梁的两端分别搁置在钢平台框架梁上的长度不应小于80mm。

5 钢柱支撑式整体钢平台模架

5.1 系统构成

5.1.1 钢柱支撑式整体钢平台模架应包括钢平台系统、吊脚手架系统、劲性钢柱爬升系统或临时钢柱爬升系统、模板系统(图 5.1.1)。

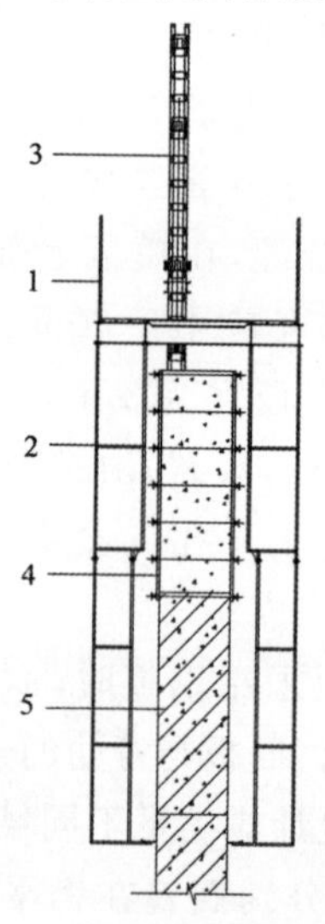

1—钢平台系统;2—吊脚手架系统;3—临时(劲性)钢柱爬升系统;
4—模板系统;5—混凝土结构

图 5.1.1 钢柱支撑式整体钢平台模架系统构成

5.1.2 钢平台系统、吊脚手架系统、模板系统的组成分别应符合本标准第 4.1.2 条、第 4.1.3 条、第 4.1.6 条的规定。

5.1.3 劲性钢柱爬升系统应包括劲性钢柱、动力系统等,动力系统可采用蜗轮蜗杆动力系统。

5.1.4 临时钢柱爬升系统应包括临时钢柱、动力系统等，动力系统可采用蜗轮蜗杆动力系统。

5.2 设计计算

5.2.1 钢柱支撑式整体钢平台模架结构应对钢平台系统、吊脚手架系统、劲性钢柱爬升系统或临时钢柱爬升系统、模板系统的承载力与变形进行验算，并应对构件连接节点、系统连接节点与系统、主体结构连接节点的承载力进行验算。

5.2.2 劲性钢柱爬升系统中，劲性钢柱(图 5.2.2)应进行单柱稳定承载力计算。劲性钢柱的计算长度系数可取为 2.0，几何长度宜为钢柱支撑点与混凝土埋入点之间的距离加 500mm。

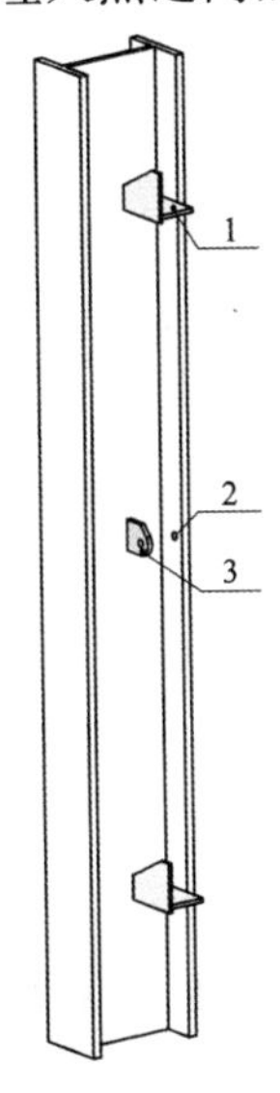

1—钢牛腿支承装置；2—销孔；3—耳板

图 5.2.2 劲性钢柱

5.2.3 临时钢柱爬升系统中,格构式钢柱(图 5.2.3)应按照现行国家标准《钢结构设计规范》GB 50017 进行稳定承载力验算,计算整体稳定性时,计算长度系数应取 2.0,几何长度宜比钢柱支撑点与混凝土埋入点之间的距离多 500mm。

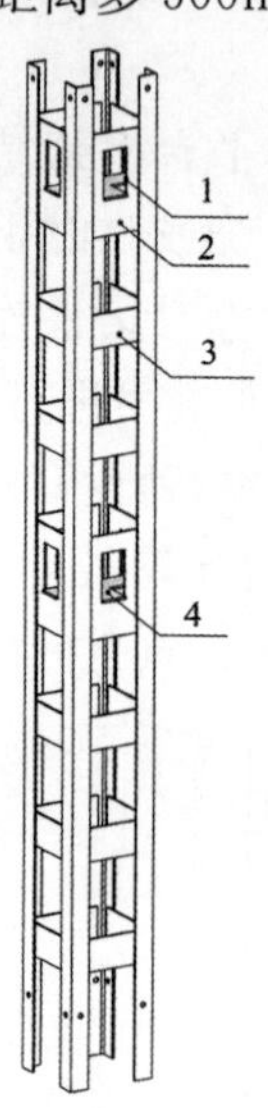

1—承重销支撑孔;2—缀板 1;3—缀板 2;4—垫板

图 5.2.3 临时格构式钢柱

5.2.4 劲性钢柱爬升系统中的连接节点应按下列规定进行验算:

1 蜗轮蜗杆提升机动力系统的提升机支架自动翻转支撑装置(图 5.2.4-1)中,支撑钢板宜按有限元分析验算承载力。

2 劲性钢柱上的钢牛腿支承装置(图 5.2.4-2)应进行抗弯承载力、抗剪承载力以及焊缝强度验算。

5.2.5 采用蜗轮蜗杆提升机动力系统时,爬升过程中动力系统与临时钢柱的连接节点应在蜗轮蜗杆提升机的竖向荷载作用下进行承载力验算;施工作业过程中,钢平台系统与临时钢柱的连接节点应进行承载力验算。连接节点采用承重销时,承重销可作

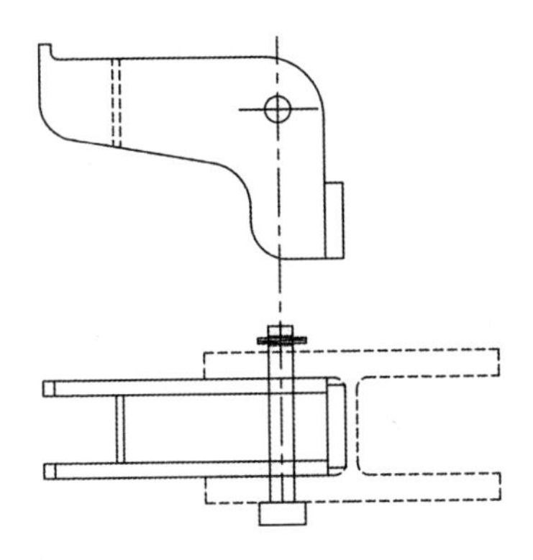

图 5.2.4-1　提升机支架自动翻转支撑装置及支撑钢板

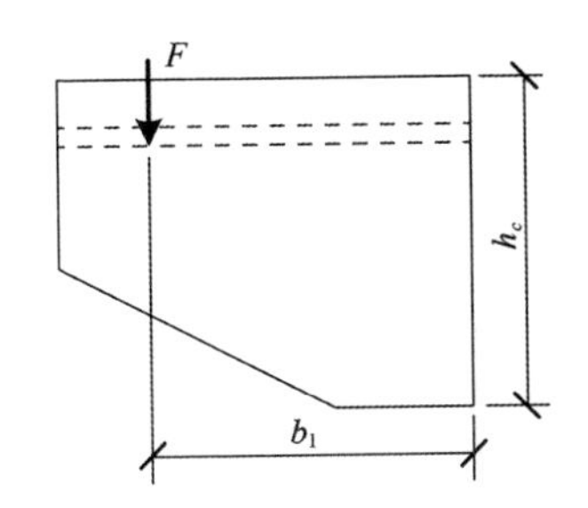

图 5.2.4-2　劲性钢柱上的钢牛腿支承节点

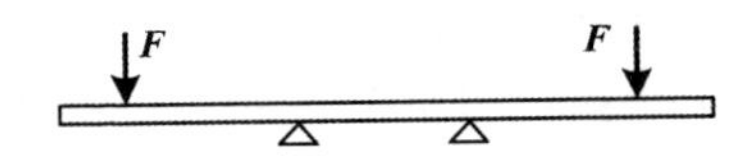

图 5.2.5　承重销计算简图

为承受集中荷载的连续梁(图 5.2.5)进行抗弯、抗剪承载力验算。

5.3　构造要求

5.3.1　钢平台系统的构造应符合本标准第 4.3.1 条的规定。

5.3.2　吊脚手架系统的构造应符合本标准第 4.3.2 条的规定。

5.3.3　劲性钢柱爬升系统构造应符合下列规定：

1 劲性钢柱上应设置承重销孔和钢牛腿支承。钢牛腿支承表面应设置水平位移限位装置。

2 临时钢柱边与混凝土外侧边的距离不应小于50mm。

5.3.4 临时钢柱爬升系统构造应符合下列规定：

1 临时钢柱的截面应根据墙体的厚度和钢柱的布置间距确定。在墙体厚度允许的情况下，宜选择正方形截面；当墙体厚度较小时，可采用长方形截面。

2 临时钢柱宜采用角钢及缀板焊接组成。角钢截面不宜小于75mm×8mm，缀板厚度不宜小于8mm。

3 临时钢柱用于搁置钢平台系统和蜗轮蜗杆提升机支架的缀板，应根据单次爬升高度确定布设位置。缀板宜设置在角钢内侧。

4 临时钢柱之间的连接宜采用焊接。

5.3.5 蜗轮蜗杆提升动力系统构造及选型应符合本标准第4.3.4条的规定。

5.3.6 模板系统构造应符合本标准第4.3.5条的规定。

5.3.7 承重销构造应符合下列规定：

1 承重销长度应保证其两端伸出相邻两侧钢平台框架梁外边缘不少于50mm。

2 承重销应设有手拉环。

3 承重销宜采用两端封口的箱形截面构件，其长度应根据其两侧钢平台框架的距离确定。

5.3.8 劲性钢柱爬升系统各构件连接构造应符合下列规定：

1 钢平台框架在劲性钢柱的钢牛腿支承装置上的搁置长度不应小于80mm。

2 提升机支架在劲性钢柱的钢牛腿支承装置上的搁置长度不应小于30mm。

5.3.9 临时钢柱爬升系统各构件连接构造应符合下列规定：

1 承重销与临时钢柱应设置连接固定装置。

2 提升机支架在承重销上的搁置长度不应小于80mm。

6 钢梁与筒架交替支撑式整体钢平台模架

6.1 系统构成

6.1.1 钢梁与筒架交替支撑式整体钢平台模架应包括钢平台系统、吊脚手架系统、筒架支撑系统、钢梁爬升系统、模板系统（图6.1.1）。

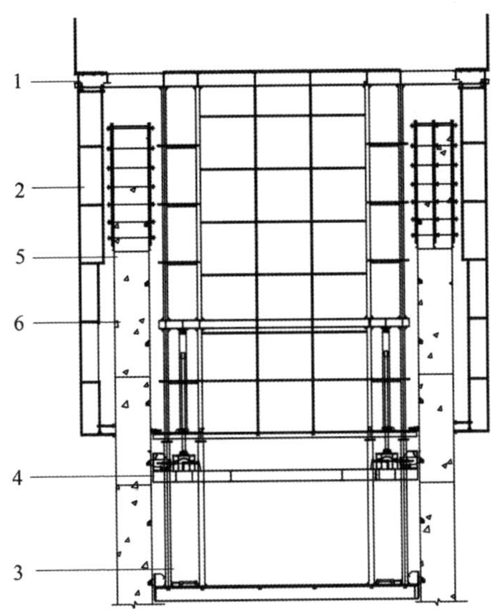

1—钢平台系统；2—吊脚手架系统；3—筒架支撑系统；
4—钢梁爬升系统；5—模板系统；6—混凝土结构

图 6.1.1 钢梁与筒架交替支撑整体钢平台模架系统构成

6.1.2 钢平台系统、吊脚手架系统、筒架支撑系统、模板系统的组成分别应符合本标准第 4.1.2 条、第 4.1.3 条、第 4.1.5 条、第

4.1.6 条的规定。

6.1.3 钢梁爬升系统应包括钢梁爬升结构、竖向支撑装置、双作用液压缸动力系统等。双作用液压缸动力系统应包括双作用液压缸、供油管路、液压泵站等。

6.2 设计计算

6.2.1 钢梁与筒架交替支撑式整体钢平台模架结构应对钢平台系统、吊脚手架系统、钢梁爬升系统、筒架支撑系统、模板系统的承载力与变形进行验算，并应对构件连接节点、系统连接节点、系统与主体结构连接节点的承载力进行验算。

6.2.2 钢梁爬升系统中，爬升钢梁(图 6.2.2)应在双作用液压缸产生的集中竖向荷载作用下进行承载力与变形验算。双作用液压缸的集中竖向荷载应考虑不同步顶升工况确定。

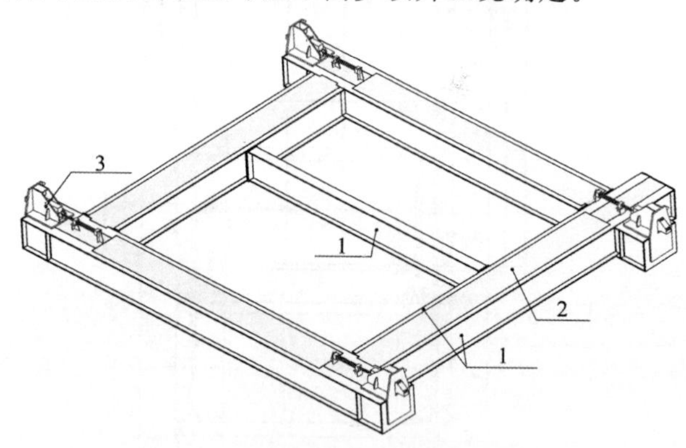

1—型钢；2—连接板；3—竖向支撑装置

图 6.2.2 钢梁爬升系统

6.2.3 筒架支撑系统(图 6.2.3)中，竖向型钢杆件应进行截面强度、平面内稳定承载力与平面外稳定承载力验算；水平型钢杆件应进行截面强度与整体稳定承载力验算。筒架支撑系统与混凝土结构墙体之间的水平限位装置可作为弹簧单元参与计算。

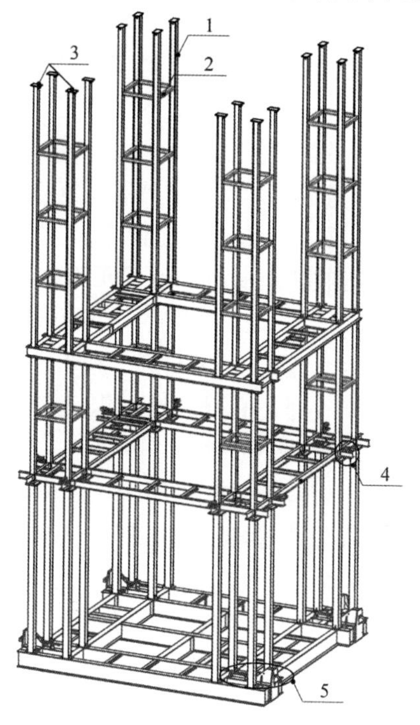

1—竖向型钢杆件；2—水平型钢杆件；3—连接板；

4—水平限位装置；5—竖向支撑装置

图 6.2.3　筒架支撑系统

6.3　构造要求

6.3.1　钢平台系统的构造应符合本标准第 4.3.1 条的规定。

6.3.2　吊脚手架系统的构造应符合本标准第 4.3.2 条的规定。

6.3.3　钢梁爬升系统构造应符合下列规定：

1　钢梁爬升结构可采用钢梁式结构。钢梁宜采用双拼组合截面梁或桁架，钢梁之间宜设置连系钢梁。

2　钢梁爬升结构底部应设置操作平台，操作平台上应设置防坠落设施。

3 竖向支撑装置构造应符合下列规定：

1）竖向支撑装置的平移式承力销宜采用钢板制作，也可采用铸钢件；平移式承力销宽度不宜小于80mm，且不宜大于120mm；伸入箱体反力架的长度不应小于250mm。

2）竖向支撑装置的箱体反力架宜采用钢板焊接制作，钢板厚度不宜小于20mm，箱体反力架深度不应小于300mm。

3）箱体反力架腔体应满足平移式承力销伸缩要求；腔体净宽比平移式承力销宽度不宜大于10mm，净高比平移式承力销高度不宜大于5mm。

4）箱体反力架宜通过高强螺栓与钢梁爬升系统连接，螺栓规格不宜小于M20。

5）平移式承力销宜通过双作用液压缸驱动，平移式承力销伸缩应有限位装置，液压缸工作行程应满足平移式承力销伸缩支承要求。

6.3.4 双作用液压动力系统构造及选型应符合下列规定：

1 双作用液压缸宜倒放搁置，宜采用一个楼层两次爬升的方案。

2 双作用液压缸应根据额定工作荷载、液压缸工作行程、缸筒外径、最大工作压力、液压缸本体高度等参数选型。

6.3.5 模板系统构造应符合本标准第4.3.5条的规定。

6.3.6 钢梁爬升系统各构件连接构造应符合下列规定：

1 钢梁爬升结构与竖向支撑装置应通过高强螺栓连接。

2 双作用液压缸活塞杆端部应通过球形支座与钢梁爬升结构连接。

7　钢柱与筒架交替支撑式整体钢平台模架

7.1　系统构成

7.1.1　钢柱与筒架交替支撑式整体钢平台模架应包括钢平台系统、吊脚手架系统、筒架支撑系统、工具式钢柱爬升系统、模板系统（图 7.1.1）。

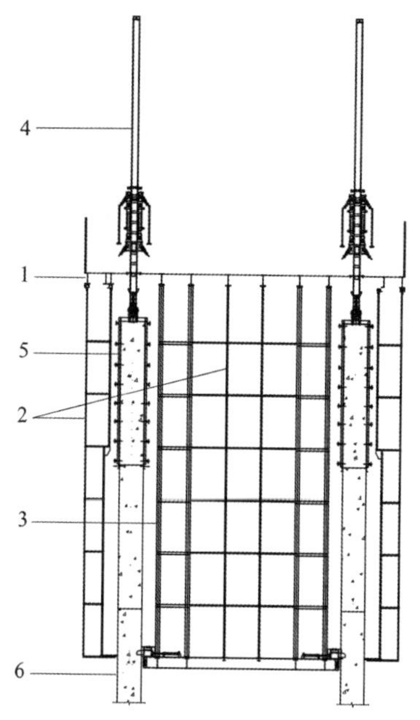

1—钢平台系统；2—吊脚手架系统；3—筒架支撑系统；
4—工具式钢柱爬升系统；5—模板系统；6—混凝土结构

图 7.1.1　钢柱与筒架交替支撑式整体钢平台模架系统构成

7.1.2 钢平台系统、吊脚手架系统、筒架支撑系统、模板系统的组成分别应符合本标准第4.1.2条、第4.1.3条、第4.1.5条、第4.1.6条的规定。

7.1.3 工具式钢柱爬升系统应包括工具式钢柱、双作用液压缸动力系统、爬升靴组件装置、型钢提升装置等。双作用液压缸动力系统应包括双作用液压缸、供油管路、液压泵站等。爬升靴组件装置应包括2套上下爬升靴箱体、换向限位块装置、换向控制手柄和弹簧装置等。

7.2 设计计算

7.2.1 钢柱与筒架交替支撑式整体钢平台模架结构应对钢平台系统、吊脚手架系统、钢柱爬升系统、筒架支撑系统、模板系统的承载力与变形进行验算，并应对构件连接节点、系统连接节点、系统与主体结构连接节点的承载力进行验算。

7.2.2 筒架支撑系统的计算应符合本标准第6.2.3条的规定。筒架支撑系统与钢平台系统的连接节点应按爬升状态、作业状态分别验算。筒架支撑系统的竖向支撑装置验算应符合本标准第6.2.3条的规定。

7.2.3 工具式钢柱(图7.2.3)应进行单柱稳定承载力验算，其计算长度应根据两端约束情况确定。

7.2.4 爬升靴组件的验算应符合下列规定：

1 爬升靴(图7.2.4)中的复杂受力构件可采用简化方法验算承载力，也可采用实体单元建模进行有限元分析。

2 工具式钢柱支撑用于搁置下爬升靴的板件应进行局部承压验算。

3 用于钢平台系统与爬升靴组件连接的槽钢提升构件应进行抗拉强度验算。

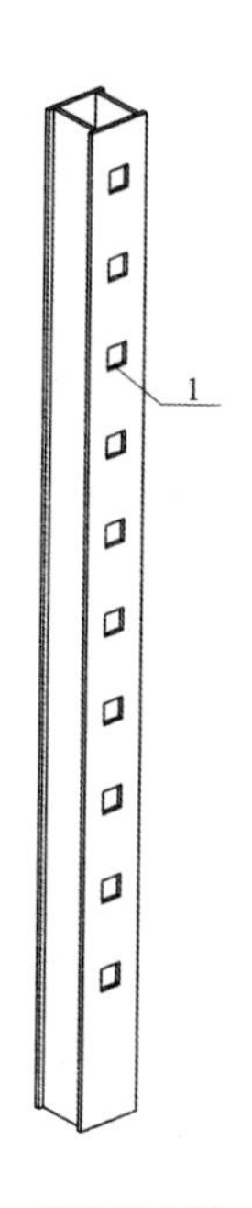

1—爬升靴支撑口

图 7.2.3　工具式钢柱

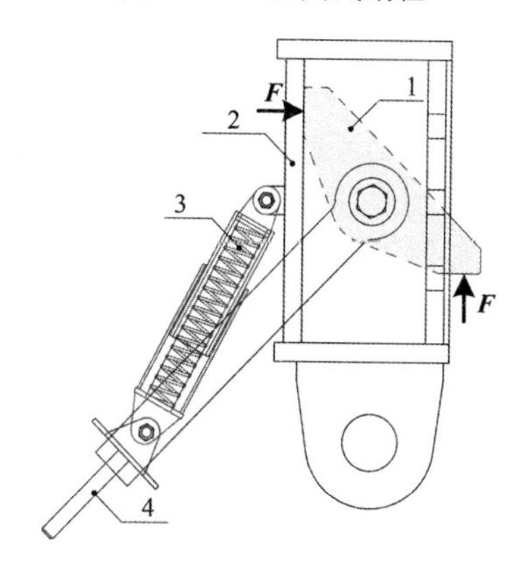

1—换向限位块;2—箱体;3—弹簧装置;4—换向控制手柄

图 7.2.4　爬升靴装置

7.2.5 工具式钢柱柱脚承载力应符合下列规定：

1 锚栓不宜出现拉力，当锚栓出现拉力时，应验算其抗拉承载能力。

2 柱脚剪力应由轴压力设计值作用下柱底的摩擦力承受，摩擦系数可取0.3。

3 工具式钢柱底板下混凝土应在弯矩与压力共同作用下计算最大压应力，并应按现行国家标准《混凝土结构设计规范》GB 50010验算局部承压承载力。

7.3 构造要求

7.3.1 钢平台系统的构造应符合本标准第4.3.1条的规定。

7.3.2 吊脚手架系统的构造应符合本标准第4.3.2条的规定。

7.3.3 钢柱爬升系统构造应符合下列规定：

1 工具式钢柱宜采用组合焊接的箱型钢柱，工具式钢柱长度应满足爬升一个层高的要求。

2 工具式钢柱沿高度方向应对称设置一定数量的等间距爬升孔，爬升孔宜为方形。

7.3.4 双作用液压缸动力系统构造及选型应符合下列规定：

1 双作用液压缸应根据额定工作荷载、液压缸工作行程、缸筒外径、最大工作压力、液压缸本体高度等参数选型。

2 双作用液压缸的缸体外径应根据爬升钢柱、爬升靴的外形尺寸确定。

3 双作用液压缸的顶升行程不宜小于500mm。

7.3.5 爬升靴组件装置构造应符合下列规定：

1 爬升靴箱体宜设置用于检查换向限位块搁置状态的观察孔。

2 换向限位块的长度应保证其伸入爬升钢柱不小于20mm。

7.3.6 模板系统的构造应符合本标准第4.3.5条的规定。

7.3.7 工具式钢柱爬升系统各构件连接构造应符合下列规定：

1 型钢提升装置可由双槽钢拼装而成，槽钢下端可通过高强度螺栓与钢平台框架梁连接。

2 型钢提升装置应通过高强度螺栓与上爬升靴组件连接。

3 换向限位块搁置在爬升钢柱上的长度不应小于 20mm。

4 上、下爬升靴的一端应通过销轴分别与双作用液压缸连接，销轴直径不宜小于 60mm。

7.3.8 工具式钢柱的柱脚与混凝土结构连接应采用便于装拆的方式，工具式钢柱的柱脚可通过结构钢筋螺杆或预埋锚杆进行连接固定。

8 加工制作与质量检验

8.1 一般规定

8.1.1 整体钢平台模架制作单位应具有钢构件制作资质，并应有完善的安全、质量和环境管理体系。

8.1.2 构件和部品出厂前，应进行预拼装，制作单位应提供合格质量证明文件。

8.1.3 整体钢平台模架安装单位、使用单位和现场监理单位应对进场构件和部品进行验收，并应检查质量证明文件。

8.1.4 制作单位应制定制作质量检验制度。

8.1.5 构件制作前应绘制构件制作详图，制作详图设计应满足钢结构施工构造、施工工艺、构件运输等要求。

8.2 材料要求

8.2.1 整体钢平台模架制作所用型材应符合下列规定：

1 制作所用钢材应符合现行国家标准《钢结构工程施工规范》GB 50755 的有关规定。

2 钢材订货合同应对材料牌号、规格尺寸、性能指标、检验要求、尺寸偏差等有明确约定。定尺钢材应留有复验取样的余量；钢材的交货状态，宜按设计文件与供货厂家商定。

3 钢结构制作所用钢材表面的锈蚀、麻点、划伤、压痕等，深度不得大于该钢材厚度负允许偏差值的 1/2。

8.2.2 钢平台系统盖板所用花纹钢板厚度宜为 4mm～5mm，厚度偏差应为±0.4mm。

8.2.3 钢平台系统格栅盖板宜采用扁钢或圆钢制作，扁钢厚度不应小于2mm，圆钢直径不应小于6mm。

8.2.4 整体钢平台模架所用围挡板应符合下列规定：

1 面板宜采用镀锌钢丝网板，网板的开孔尺寸不宜大于10mm×10mm。

2 当采用冲孔彩钢板作为面板时，板的开孔率不应大于40%，也不宜小于20%。

3 当采用胶合板等不开孔材料时，应考虑防火要求，板的厚度应根据型钢骨架的间距确定，并应满足面板在受力状态下的承载力和变形控制要求。

8.2.5 模板制作所用胶合板除应符合现行国家标准《混凝土模板用胶合板》GB/T 17656的规定外，还应符合下列规定：

1 模板面板可采用木胶合板，也可采用竹胶合板。

2 胶合板应能够多次周转使用，厚度不宜小于18mm。

8.2.6 蜗轮蜗杆动力系统制作用六角传动螺母、保险螺母、定位螺母、上下蜗轮轴、减速箱底座等铸件的材质应采用QT45-5球墨铸铁。

8.3 构件制作和部品选择要求

8.3.1 钢平台盖板、围挡板、吊脚手架走道板制作应符合下列规定：

1 型钢骨架不得采用短料拼接。

2 型钢骨架与钢面板宜采用单面贴角焊间隔固定，焊缝长度不得小于钢面板厚度的4倍，固定点间距不宜大于200mm，钢面板的角部应与型钢骨架焊接固定。

8.3.2 格栅盖板制作应符合下列规定：

1 负载扁钢和横杆的每个交点处，应通过焊接或铆接进行固定。

2 在负载扁钢的端头，应使用与负载扁钢同规格的扁钢进行包边。包边应采用焊脚尺寸不应小于负载扁钢厚度的单面贴角焊，焊缝长度不得小于负载扁钢厚度的4倍。

8.3.3 脚手吊架竖向和横向型钢杆件应采用单面角焊缝连接，焊脚尺寸及焊缝长度应满足设计要求。

8.3.4 竖向支撑装置制作应符合下列规定：

1 竖向支撑装置与筒架支撑系统、钢梁爬升系统、筒架爬升系统宜采用螺栓连接，也可采用焊接连接。

2 竖向支撑装置的平移式承力销底部应切割平整，平移式承力销与顶推液压缸的连接宜采用销轴连接。

8.3.5 工具式钢柱应采用通长条板焊接制作，连接焊缝应通长设置，焊缝高度应满足设计要求。

8.3.6 临时钢柱缀板与角钢应采用焊接，焊缝长度和高度应满足设计要求。

8.3.7 双作用液压缸动力系统选择应符合下列规定：

1 液压控制系统应具有自动闭锁功能。

2 双作用液压缸动力系统应具有同步爬升控制功能，爬升可按照位移同步进行控制。

3 当液压缸行程小于其最大行程的90%时，液压缸应能承受其承载力10%的侧向力。

8.3.8 蜗轮蜗杆动力系统制作应符合下列规定：

1 蜗轮蜗杆提升机加工制作前，应制定科学合理的加工工艺，确定合适的工艺参数。加工制作过程中，每道工序均应作详细记录。

2 减速箱盖、轴承盖等铸件应采用焊接方法修补一般缺陷；所有铸件应进行内应力消除处理。

3 六角传动螺母、保险螺母、定位螺母的T形传动螺纹应按照3级精度进行加工、检验。TM50×8内螺纹应采用专用螺纹规检验。

4 蜗轮缘宜采用强度高、减磨性、耐腐蚀性、受压与铸造性能均良好的ZQAl 9－4合金材料。

8.4 构件防腐涂装要求

8.4.1 构件制作完成后应进行防腐涂料的涂装。

8.4.2 在进行涂装前，必须将构件表面的毛刺、铁锈、氧化皮、油污及附着物清除干净，钢材表面除锈质量应符合现行国家标准《钢结构工程施工质量验收规范》GB 50205 的规定。经除锈后的钢构件表面在检查合格后应在 4h～6h 内进行涂装。

8.4.3 涂装环境温度和湿度应符合涂料产品说明书要求；当产品说明书无要求时，环境温度宜为 5℃～38℃，相对湿度不应大于 85%。

8.4.4 涂装过程应采取遮盖措施保护摩擦面不被污染。

8.5 构件和部品质量检验

8.5.1 钢构件出厂时，应提供下列资料：

1 产品合格证。

2 钢材连接材料和涂装材料的质量证明文件。

3 构件发运和包装清单。

8.5.2 部品出厂时，应提供产品合格证及产品说明书。

8.5.3 钢梁、钢柱制作质量验收标准应符合表 8.5.3 的规定。

表 8.5.3 钢梁、钢柱制作允许偏差与检验方法

序号	项目	允许偏差(mm)	检验工具
1	钢梁或钢柱长度	$\pm L/1000, \pm 10$	钢卷尺
2	钢梁腹板螺栓孔位置	±2	钢卷尺
3	钢梁翼缘板螺栓孔位置	±2	钢卷尺
4	钢柱连接法兰螺栓孔位置	±1	钢卷尺
5	螺栓孔孔径	1	游标卡尺

注：L 为钢梁或钢柱长度。

8.5.4 钢平台盖板、脚手走道板、围挡板制作质量验收标准应符合表8.5.4的规定。

表8.5.4 钢平台盖板、脚手走道板、围挡板制作允许偏差与检验方法

序号	项目	允许偏差(mm)	检验工具
1	板的长度和宽度	−3	钢卷尺
2	两对角线差	3	钢卷尺
3	板表面平整度	5	2m靠尺、塞尺

8.5.5 钢格栅盖板制作质量验收标准应符合表8.5.5的规定。

表8.5.5 钢格栅盖板制作允许偏差与检验方法

序号	项目	允许偏差(mm)	检验工具
1	板的长度和宽度	−3	钢卷尺
2	负载扁钢间距	±5	钢卷尺
3	横杆间距	±5	钢卷尺
4	两对角线差	3	钢卷尺

8.5.6 脚手吊架制作质量验收标准应符合表8.5.6的规定。

表8.5.6 脚手吊架制作允许偏差与检验方法

序号	项目	允许偏差(mm)	检验工具
1	立杆横距	±5	钢卷尺
2	步距	±5	钢卷尺
3	立杆连接法兰螺栓孔位置	±1	钢卷尺
4	立杆连接法兰螺栓孔孔径	+1	游标卡尺
5	立杆弯曲矢高	5	2m靠尺及塞尺

8.5.7 竖向支撑装置与水平限位装置制作质量检验应符合下列规定：

1 平移式承力销的高度和宽度偏差不应大于3mm，伸缩应灵活，连接螺栓的规格和数量应符合设计要求。

2 水平限位装置滚轮直径和厚度偏差不应大于3mm，滚轮旋转应灵活。

8.5.8 爬升靴制作质量检验应符合下列规定：

1 爬升靴应进行控制手柄、换向限位块装置和弹簧装置的联动测试。

2 换向限位块伸出长度应符合设计要求，伸出长度偏差不应大于2mm。

8.5.9 临时钢柱、劲性钢柱与工具式钢柱制作质量检验应符合下列规定：

1 钢柱的截面尺寸、长度、所用型钢规格应符合设计要求。

2 劲性钢柱的制作质量应符合现行国家标准《钢结构工程施工质量验收规范》GB 50205的规定。

3 临时钢柱和工具式钢柱制作允许偏差与检验方法应符合表8.5.9的规定。

表 8.5.9 爬升钢柱制作允许偏差与检验方法

项次	项目	允许偏差(mm)	检验工具
1	爬升钢柱爬升孔间距	±2	钢卷尺
2	爬升钢柱的弯曲矢高	L/2000，5	钢卷尺、线锤
3	爬升钢柱截面尺寸	±5	钢卷尺
4	爬升钢柱高度	±10	钢卷尺
5	爬升靴安装螺栓孔距	±1	钢卷尺
6	爬升靴安装螺栓孔孔径	+1	游标卡尺

注：L为爬升钢柱长度。

8.5.10 模板系统制作质量检验应符合下列规定：

1 模板检验应在平台上按模板平放状态进行。模板制作允许偏差与检验方法应符合表8.5.10的规定。

表 8.5.10 模板制作允许偏差与检验方法

项次	项目	允许偏差(mm)	检验工具
1	模板高度	±3	钢卷尺
2	模板宽度	−2	钢卷尺
3	模板板面对角线差	3	钢卷尺
4	板面平整度	2	2m 靠尺及塞尺
5	边肋平直度	2	2m 靠尺及塞尺
6	相邻板面拼缝高低差	0.5	平尺及塞尺
7	相邻板面拼缝间隙	0.8	塞尺
8	连接孔中心距	±1	钢卷尺

2 模板的制作允许偏差与检验方法还应符合现行行业标准《建筑工程大模板技术规程》JGJ 74 和《钢框胶合板模板技术规程》JGJ 96 的规定。

8.5.11 双作用液压缸动力系统质量检验应符合下列规定：

1 液压缸缸体长度、缸体直径和活塞杆直径应符合订货合同要求。

2 液压缸往复动作 10 次以上应无渗漏。

3 液压系统应工作可靠，压力应保持正常。

4 相邻液压缸顶升同步性偏差不应超过 1mm。

8.5.12 蜗轮蜗杆动力系统制作质量检验应符合下列规定：

1 进行上下升降空载试验动作，行程不应小于 3m，并应重复进行不少于 3 次。

2 空载试验应符合下列规定：

1）离合器及换挡手柄应操纵轻便；

2）提升螺杆升降应灵活；

3）各传动机件、链轮、齿轮、蜗轮蜗杆的结合应平稳、无异常；

4）离合器应分离彻底、结合平稳、操纵灵活；

5）减速箱体、传动轴承、电机等部件温升应保持正常；

6）各部件不得有漏油或漏电现象。

3 提升相应起重量125%的重物，提升螺杆进行升降载荷试验动作，行程不应小于3m，并应重复进行不少于3次，提升重物离地面1m停留10min，重物与地面之间的距离应保持不变。

4 各项载荷试验后，安全限位装置、提升螺杆与传动螺母、钢平台钢梁吊点、蜗轮蜗杆提升机底座、传动箱体等，不应发生裂纹、永久性变形、油漆脱落或连接部位松动的现象。

9 施工控制与安全管理

9.1 一般规定

9.1.1 整体钢平台模架安装、爬升、拆除应由专业单位及专业技术人员负责。专业单位应具备健全的安全管理保证体系，并应建立完善的安全管理制度，操作人员应具备相应作业资格。

9.1.2 整体钢平台模架安装、爬升、拆除等作业前，专业技术人员应根据专项施工方案及本标准对操作人员进行安全技术交底。

9.1.3 整体钢平台模架宜设置位移传感系统、重力传感系统。

9.1.4 整体钢平台模架作业遇大风天气时，应符合下列规定：

1 最大风速大于12m/s(含12m/s)时，不得进行安装与拆除作业。

2 最大风速大于18m/s(含18m/s)时，不得进行爬升作业。

3 最大风速大于32m/s(含32m/s)时，不得使用整体钢平台模架，并应采取加固措施。

9.1.5 风速仪宜安装在钢平台系统的角部位置，高度宜在钢平台系统工作面2.5m以上，并应有防护设施。

9.1.6 整体钢平台模架在施工过程中需进行修改、调整时，必须征得原设计人员同意。

9.1.7 整体钢平台模架爬升操作人员应定期对动力系统设备等进行检查、维修。

9.2 安装与拆除

9.2.1 整体钢平台模架安装应具备下列条件：

1　现场施工人员及组织机构应符合专项方案的要求。

2　施工现场在安装操作区域及可能坠落范围应设置安全警戒，并应设置整体钢平台模架用于构件堆放和组装的场地。

3　施工现场应设置安装平台，安装平台应有保障施工人员安全的防护措施。

4　施工现场应配备经检验合格的起重机械、安装工具。

5　材料与设备进场时，应进行规格与数量检验，并应查验产品质量证明文件、材质检验报告等。

9.2.2　整体钢平台模架安装顺序应符合下列规定：

1　整体钢平台模架各系统应根据传力路径及相互支撑关系顺次安装。

2　模板系统应先于钢平台系统安装。

3　吊脚手架系统应后于钢平台框架安装。

4　筒架爬升系统或钢梁爬升系统的安装应穿插在筒架支撑系统安装过程中进行。

9.2.3　钢平台系统安装时，钢平台盖板、钢格栅盖板、安全栏杆、围挡板等应在钢平台框架就位后安装。

9.2.4　安装吊脚手架系统时，应先在地面拼装成脚手架单元，再吊装到钢平台框架下方安装；相邻脚手架单元之间的脚手架围挡板和走道板，应在脚手架单元与钢平台框架连接固定后再进行安装。

9.2.5　筒架支撑系统安装时，应首先在地面上拼装成筒架支撑单元，再吊运至相应筒体内部，并搁置在结构墙体的混凝土结构支承凹槽或钢牛腿支承装置上；各单元全部就位后，应安装钢平台框架。

9.2.6　整体钢平台模架安装单元的吊装应采用4点吊。

9.2.7　整体钢平台模架安装后应对动力系统进行调试，并应进行爬升试验，投入使用前动力系统应调试验收合格。

9.2.8　整体钢平台模架连接螺栓数量与规格应符合设计要求，

连接时其连接表面应清除灰尘、油漆、油迹和锈蚀。

9.2.9 整体钢平台模架安装完成后以及发生体型变化后应进行质量检验，并应作质量检验记录。

9.2.10 整体钢平台模架安装完成后由第三方建设机械检测单位进行检测，检测前应具备下列资料：

1 专项方案。

2 整体钢平台模架设计计算书和设计图纸。

3 安装、使用操作规程。

4 外购设备的产品合格证和使用说明书。

5 动力系统的电气原理图。

6 混凝土结构连接处的隐蔽工程验收单。

7 混凝土强度检测报告。

8 安装质量检验记录。

9.2.11 整体钢平台模架安装质量应符合下列规定：

1 整体钢平台模架的承载构件应完整，且无开裂、锈蚀或变形缺陷；承载构件的现场焊缝质量要求和检验应符合现行国家标准《钢结构焊接规范》GB 50661 的有关规定。螺栓连接质量应符合现行国家标准《钢结构工程施工质量验收规范》GB 50205 的有关规定。

2 筒架支撑系统的垂直度应符合设计要求。

3 竖向支撑装置的承力销的平面位置、垂直度偏差应符合设计要求。

4 蜗轮蜗杆动力系统与双作用液压缸动力系统应性能良好、工作正常；控制系统的性能应可靠稳定，精度应在设计标定范围内。

5 整体钢平台模架上的工具与设备应固定良好。

6 整体钢平台模架上的安全警示标志和标牌应清楚。

9.2.12 整体钢平台模架拆除前应完成下列准备工作：

1 影响拆除的障碍物应清除。

2　整体钢平台模架上的剩余材料和零散物件应清除。

3　电源应切断，电线与油管应拆除。

9.2.13　整体钢平台模架的拆除应符合下列规定：

1　整体钢平台模架拆除前，应根据塔吊的起重能力、分块拆除过程中构件的承载力和稳定性等进行合理分块，并应考虑构件重复使用的要求。

2　现场在起重机械起吊半径范围内应设置能够满足拆除构件临时堆放要求的场地。

3　筒架支撑系统宜采用整体拆除方式。

4　拆除最后一块时，应留有供拆除操作人员撤离的通道或脚手架。

9.2.14　整体钢平台模架的空中分体拆除应符合下列规定：

1　整体钢平台模架空中分体拆除前，应采取措施保证拆除过程中装备结构的承载力和刚度。

2　安装伸臂桁架层时，影响桁架安装的钢平台框架梁应间隔拆除，并应在桁架安装完成后恢复安装。

9.2.15　整体钢平台模架在首次爬升前及发生体型变化后应进行质量检查验收。质量检查验收记录应按本标准附录A的要求进行，并应保存至施工结束。

9.2.16　整体钢平台模架爬升前必须对所有参与爬升作业的人员进行安全技术交底，明确各自职责，并应按本标准附录B填写完成整体钢平台模架“爬升前检查验收表”。

9.2.17　整体钢平台模架爬升前，必须完成整体钢平台模架“提升令”(本标准附录C)审批。

9.2.18　整体钢平台模架爬升后的检查验收应按照本标准附录D的要求进行。

9.3 施工作业

Ⅰ 爬升阶段

9.3.1 整体钢平台模架爬升前应完成下列准备工作：

1 整体钢平台模架上的垃圾必须清理干净，爬升过程中影响爬升的障碍物应清除。

2 内筒外架式整体钢平台模架爬升前，钢牛腿支承装置的平面尺寸、标高应符合设计要求。

3 劲性钢柱支撑式整体钢平台模架爬升前，劲性钢柱连接耳板、钢牛腿支承装置的平面尺寸、标高应符合设计要求。

4 临时钢柱支撑式整体钢平台模架爬升前，临时钢柱承重销支撑孔的尺寸、标高应符合设计要求；临时钢柱焊接后的垂直度偏差不应超过 1.2‰。

5 钢梁与筒架交替支撑式整体钢平台模架爬升前，混凝土结构支承凹槽的平面尺寸、标高应符合设计要求。

6 钢柱与筒架交替支撑式整体钢平台模架爬升前，混凝土结构支承凹槽的平面尺寸、标高应符合设计要求；工具式钢柱的垂直度偏差不应超过 1.2‰，爬升孔应保持完好，柱脚螺栓应保持紧固；爬升靴换向手柄应保持灵活。

7 主要受力混凝土构件强度检测资料应齐全。

9.3.2 整体钢平台模架的爬升应符合下规定：

1 整体钢平台模架爬升过程中，施工操作人员应对塔吊、泵管、水管及电缆等位置分区域进行监护。

2 防坠挡板与混凝土墙面的距离不应小于 50mm，钢平台系统、吊脚手架系统、筒架支撑系统、模板系统应无异物钩挂，模板手拉葫芦链条应无钩挂。

3 采用蜗轮蜗杆动力系统时，位于模架上部的操作人员应监控蜗轮蜗杆提升机的运转情况，位于模架下部的操作人员应监控混凝土墙面、模板系统与吊脚手架系统之间的碰擦情况。

4 采用双作用液压缸动力系统时，液压控制系统操作人员应通过触摸屏操作、监控液压设备运转情况，其他监护人员应监控混凝土墙面、已绑扎的钢筋墙与筒架支撑系统、钢梁爬升系统、模板系统、吊脚手架系统、水平限位装置之间的碰擦情况。

5 当混凝土结构墙面有凸出物体时，在爬升过程中应将吊脚手架系统的翻板打开，并应对翻板处的洞口进行临时围护。待吊脚手架系统通过凸出物体后，应恢复翻板至原位。

9.3.3 整体钢平台模架爬升结束后应进行检查验收，并应符合下列规定：

1 整体钢平台模架应切断电源，并拆除安全警戒线，恢复使用状态。

2 防坠挡板应进行关闭，与混凝土墙面之间应无间隙，防坠挡板的连接螺栓应拧紧。

3 采用蜗轮蜗杆动力系统时，各机组应保持完好，调速手柄应置于快速挡；各机位电源线应无烧结、损坏，位置应正确；提升螺杆应进行清理与更新，并应安装保护套管。

4 采用双作用液压缸动力系统时，各液压泵站电源应逐级关闭，并应对液压操作控制间进行关闭。

5 整体钢平台模架的受力构件与节点应无裂纹、无变形、无松动。

6 水平限位装置应顶紧混凝土结构墙面；竖向支撑装置应搁置在钢牛腿支承装置上或混凝土结构支承凹槽中，并应无偏转、歪斜等现象。

Ⅱ 作业阶段

9.3.4 内筒外架式整体钢平台模架施工作业时，竖向支撑装置应搁置在钢牛腿支承装置上，各钢牛腿支承装置的受力应保持均匀。

9.3.5 临时钢柱支撑式整体钢平台模架施工作业时，各临时钢柱承重销部位的受力应保持均匀；当混凝土结构钢筋或埋件与临时钢柱位置有冲突时，不得改变临时钢柱的位置与截面形状。

9.3.6 劲性钢柱支撑式整体钢平台模架施工作业时，各劲性钢柱上的连接耳板、钢牛腿支承装置的受力应保持均匀；当劲性钢柱发生改变时，应对竖向支撑装置提前进行调整。

9.3.7 钢梁与筒架交替支撑式、钢柱与筒架交替支撑式整体钢平台模架施工作业时，竖向支撑装置应搁置在混凝土结构支承凹槽中；混凝土支撑凹槽搁置面不得有开裂、塌角（边）等现象，各搁置点受力应保持均匀；当混凝土结构钢筋或埋件与混凝土结构支承凹槽位置有冲突时，不得改变混凝土结构支承凹槽的位置、形状尺寸。

9.3.8 模板系统可采用人力提升，也可利用整体钢平台模架爬升带动提升。模板系统的提升应符合下列规定：

1 模板系统提升前，应保证墙面无异物钩挂，并应检查模板吊点的完好性以及模板吊梁在钢平台系统上的搁置情况。

2 模板系统提升应设置倒链；模板提升后安装就位前，不得拆除倒链。

3 利用人力进行模板系统提升时，提升人员应站在吊脚手架系统走道板上操作，模板下方不得进行其他作业。

4 利用整体钢平台模架爬升带动模板系统提升时，模板应吊挂在钢平台框架上，并与吊脚手架系统固定牢靠。

9.3.9 整体钢平台模架在使用中由于工程停工等原因暂停使用时，应将其与混凝土结构固定，并切断电源，待工程复工后应重新进行检查，符合要求后方可继续使用。

Ⅲ 非作业阶段

9.3.10 风速大于或等于 32m/s 时，整体钢平台模架应停止作业，并应在吊脚手架系统上安装脚手抗风连杆进行加固，加固措施应符合下列规定：

1 脚手抗风连杆宜采用 Φ48mm×3.5mm 钢管。

2 脚手抗风连杆可采用直角扣件固定于脚手吊架，距离脚手吊架的节点不应大于 300mm。

3 在混凝土结构门洞部位处，脚手抗风连杆应与筒架支撑系统连接。在其余部位，脚手抗风连杆应采取下列措施之一与混凝土结构墙面连接：

1）脚手抗风连杆应通过混凝土结构墙面预设的钢板预埋件与混凝土结构墙面连接；

2）脚手抗风连杆应通过受力转接件与混凝土结构墙面螺栓孔连接。

4 整体钢平台上所有可移动物体应清除。

9.4 安全管理

9.4.1 整体钢平台模架各项安全防护设施必须齐全，不得随意拆卸、移除。

9.4.2 施工现场应有明显的安全标志，整体钢平台模架安装、拆除时地面应设围栏和警戒标志，并派专人看守，严禁非操作人员入内。

9.4.3 整体钢平台模架上应在显著位置标识允许荷载，人员、物料、器具不得超过允许荷载。

9.4.4 整体钢平台模架应在钢平台及下挂脚手各个角部设置灭火器，施工消防供水系统应随装备施工同步设置。在整体钢平台模架上进行电、气焊作业时应有防火措施和专人看护。

9.4.5 整体钢平台模架安装、爬升、拆除过程中，应保证通信畅通、统一指挥。

9.4.6 整体钢平台模架的安装不宜在夜间进行。确需在夜间进行安装时，应提供足够的照明。安装质量检验应在白天进行。

9.4.7 当安装作业不能连续进行时,必须将已安装的部位固定牢靠并达到安全状态,经检查确认无隐患后方可停止作业。

9.4.8 整体钢平台模架爬升工作应在白天进行。

9.4.9 整体钢平台模架在爬升时,严禁非专业操作人员进入。

9.4.10 整体钢平台模架遇大雨、大雪、浓雾、雷电等恶劣天气时,必须停止使用。

9.4.11 整体钢平台模架在拆分过程中,不得进行结构施工作业,拆分区域应设置安全警戒线,并应设置安全栏杆;脚手架开口部位应重新进行围护封闭。

9.4.12 钢平台系统堆放钢筋等物料时,应均匀分布,不得集中堆放,不得在钢平台框架悬臂梁上堆放钢筋。

9.4.13 钢平台盖板在使用过程中不得随意拆除或移动。局部区域需要临时拆除钢平台盖板或钢平台梁时,应采取安全防护措施。

9.4.14 吊脚手架系统上层进行钢筋绑扎或预埋件安装时,其下层不得进行其他作业。

9.4.15 吊脚手架系统上的楼梯口,应设安全栏杆,每层楼梯应相互错开。

9.4.16 当整体钢平台模架施工作业时,防坠挡板应处于封闭状态;当整体钢平台模架爬升时,防坠挡板应与混凝土结构墙面分离,爬升到位后防坠挡板应关闭。

9.4.17 吊脚手架系统在使用过程中严禁进行下列作业:

1 利用吊脚手架系统吊运物料。

2 在吊脚手架系统上拉结吊装缆绳(索)。

3 任意拆除吊脚手架系统结构件或松动连接件。

4 拆除或移动吊脚手架系统上的安全防护设施。

5 利用吊脚手架系统支撑模板。

6 其他影响吊脚手架系统安全的作业。

9.4.18 吊脚手架系统在平移过程中不得使用。

9.4.19 模板拆除后应立即进行清理，严禁提升就位安装后再进行清理。模板清理应在吊脚手架走道板上完成，在清理过程应保证上方无人作业，且上方应有专人监护。

9.4.20 整体钢平台模架可上人区域底部高于施工升降机可到达高度时，应设置供人员从施工升降机至整体钢平台模架的接驳或登高设施。

9.4.21 竖向泵管末端悬臂段不宜附着在整体钢平台模架上。确需附着时，应对整体钢平台模架采取加固措施。

9.4.22 施工升降机上钢平台系统时，施工升降机的附墙架与吊脚手架系统应有可靠连接，并应采取防止吊脚手架系统变形的措施。

9.4.23 整体钢平台模架施工临时用电线路架设及架体接地、避雷措施等应符合现行行业标准《施工现场临时用电安全技术规范》JGJ 46 的有关规定。

附录A 整体钢平台模架安装及使用检查验收表

单位工程:“ ”工程 填表日期: 年 月 日

检查位置		检查项目	标准	检查结果
主要结构安装要求	筒架支撑系统	内脚手架的宽度、步高	宽度1100mm、步高6步(2000mm×5mm,2050mm)	
		离墙距离	第1步～第5步离墙350mm,第6步离墙100mm	
		竖向支撑装置安装	搁置牛腿尺寸不小于110mm	
		竖向支撑装置位置尺寸	符合设计要求	
		筒架支撑系统垂直度	不大于5mm	
		架体附墙滚轮的安装	滚轮顶紧墙面、安装螺栓紧固	
	钢平台系统	钢梁之间的螺栓安装连接	螺栓数量、规格符合设计要求,紧固无松动	
		钢梁现场焊接	焊缝饱满、无夹渣	
		可拆卸钢梁的连接	螺栓数量、规格符合设计要求,紧固无松动	
		钢平台上方的施工照明数量、位置	符合施工现场临时用电规范要求	
		钢筋、材料、设备等堆载区域的划分及堆载	堆载区域设置合理、符合设计要求	
	内、外吊脚手架系统	吊脚手架与钢平台框架梁之间的连接	连接牢固、符合规范要求	
		吊脚手架架体水平限位装置的安装	滚轮顶紧墙面	
		吊架在钢平台梁下翼缘的滑移滚轮安装	滚轮与钢平台梁接触良好、固定螺栓限位	
		吊脚手架底板、踏板的翻板	连接紧固、翻转灵活	
		内、外吊脚手架的钢楼梯的安装	上、下连接牢固	
		走道板的连接安装螺栓	符合设计要求	
	模板系统	大模板吊耳板的焊接	焊缝饱满、无夹渣	
		手拉葫芦起重量、链条长度	起重量3t,长度6m	
		施工现场临时用电	符合规范要求	

续表

检查位置	检查项目	标准	检查结果
液压缸及控制系统	电源、开关箱	符合施工现场临时用电规范要求	
	液压缸与液压泵站	启动灵敏、运转可靠、进出油方向正确	
	操作控制柜	工作正常、功能齐备	
	每个液压缸上的位移传感器(行程限位)	位移传感器和行程限位能正常工作、精度满足要求	
	每个液压缸上的压力传感器	正常工作	
	液控单向阀	正常工作	
	顶升液压缸与爬升钢梁及筒架支撑系统、伸缩液压缸与竖向支撑装置	连接牢固、符合设计要求	
塔吊与整体钢平台模架的连接	塔吊与整体钢平台模架之间的连接走道间隙	不大于 300mm	
施工升降机与装备的连接	施工升降机与整体钢平台模架的连接走道间隙	不大于 100mm	
混凝土泵管及支架	混凝土泵管及支架与钢平台之间的间隙	留有足够的安全间隙不小于 80mm	
混凝土结构支承凹槽设置	混凝土结构支承凹槽平面位置	偏差不大于 10mm	
	混凝土结构支承凹槽标高位置	偏差不大于 10mm	
	混凝土结构支承凹槽形状尺寸	偏差不大于 5mm	

续表

检查位置	检查项目	标准	检查结果
安全防护设施	安全网(底部水平安全网)	底部白网、绿网各1道	
	钢平台面防护栏杆(侧网)	高度不小于2m,四周全封闭侧网	
	内外脚手架侧网	高度与架体相同,单侧四周全封闭侧网	
	钢楼梯洞口防护栏杆	高度不小于1100mm	
	核心筒墙体上方无模板吊梁处(格栅板)	空挡填满	
	底部(包括中部)防坠挡板	防坠挡板齐全、连接可靠,与墙面无空隙	
临时用电	电源电缆线路及预留长度	应大于一个最大层高	
	开关箱、总操作控制柜(室)	符合施工现场临时用电规范要求	

<table>
<tr><td>安装单位:</td><td>安装负责人
(签名):</td><td>项目安全员
(签名):</td><td>技术主管
(签名):</td><td>总工程师
(签名):</td></tr>
<tr><td>使用单位:</td><td>项目主管
(签名):</td><td>项目安全工程师
(签名):</td><td>技术主管
(签名):</td><td>总工程师
(签名):</td></tr>
</table>

附录B　整体钢平台模架爬升前检查验收表

序	检查项目及要求	分区管理编号					
		1# ～4#	5# ～8#	9# ～12#	13# ～17#	18# ～22#	外围
1	顶升或提升液压缸活塞杆与缸体垂直，达到工作要求						
2	水平限位装置与墙面之间无间隙，顶紧牢固						
3	控制室及各机位线电源正常，线路无钩挂						
4	钢平台系统、吊脚手系统、大模板无异物钩挂						
5	钢平台系统下面手拉葫芦链条收起并绑扎，爬升时无钩挂						
6	清除全部内外吊脚手架异物，清理完成后打开底部防坠挡板						
7	竖向支撑装置液压缸阀门锁住，顶升或提升液压缸阀门打开						
8	设立安全警戒线，各操作监控人员报警、联络工具齐全						

续表

序	检查项目及要求	分区管理编号					
		1#～4#	5#～8#	9#～12#	13#～17#	18#～22#	外围
9	核心筒墙体混凝土结构支承凹槽尺寸符合设计要求						
10	塔吊与整体钢平台模架之间的走道门关闭						
11	吊脚手架与人货两用施工升降机安全距离						
12	整体钢平台模架爬升，电缆线有足够的长度						
分区检查责任人(签字)							

爬升层次		爬升日期	
系统爬升主管：	系统爬升控制员：	项目主管安全员：	项目爬升主管：

检查日期：　　年　　月　　日　　时

附录C　整体钢平台模架提升令

编号：

施工部位		升降时间		天气	
气温		风力		风向	
施工班组		指挥长		安全员	

签发前验收项目：

序	检查内容	验收	序	检查内容	验收
1	施工组织设计与方案实施情况		5	整体钢平台模架安全设施及标识情况	
2	整体钢平台模架验收标准执行情况		6	机组监控人员及相关人员配备	
3	项目各施工节点交底及措施落实		7	安全技术及施工交底落实情况	
4	爬升前检查表内容落实情况		8	内外脚手架障碍物清除	

专职检查人员签字：

爬升单位	专职安全员	提升指挥长	施工经理	项目经理
验收意见				
项目施工部	项目安全员	施工经理	项目工程师	项目经理
验收意见				

项目部总工程师审核意见：

（签字）：

年　　月　　日

项目部上级公司总工程师审核意见：

（签字）：

年　　月　　日

附录D 整体钢平台模架爬升后检查表

序	检查项目及要求	分区管理编号									
		1#	2#	3#	4#	5#	6#	7#	8#	9#	外围
1	关闭吊脚手架系统防坠挡板，拧紧防坠挡板螺栓，防坠挡板与墙体无缝隙										
2	切断总电源，拆除安全警戒线，恢复使用状态										
3	各机位电源线无烧结、损坏，位置正确										
4	顶升或提升液压缸缸体完好，液压缸卸载；油管无渗油、破损现象										
5	竖向支撑装置液压缸阀门全部锁紧										
6	竖向支撑装置搁置在墙体的长度达到设计要求										
7	钢平台系统各受力节点构件无裂纹、无变形、无松动										
8	内外吊脚手架系统安装节点无变形、无松动、无破损，水平限位装置滚轮顶紧墙面										
9	吊脚手架系统与人货两用施工升降机附墙节连通										
分区检查责任人(签字)											

爬升层次		爬升日期	
系统爬升主管：	系统爬升控制员：	项目主管安全员：	项目爬升主管：

检查日期：　　年　　月　　日　　时

本标准用词说明

1 为便于在执行本标准条文时区别对待，对要求严格程度不同的用词说明如下：

1）表示很严格，非这样做不可的用词：
正面词采用“必须”；
反面词采用“严禁”。

2）表示严格，在正常情况下均应这样做的用词：
正面词采用“应”；
反面词采用“不应”或“不得”。

3）表示允许稍有选择，在条件许可时首先应这样做的用词：
正面词采用“宜”；
反面词采用“不宜”。

4）表示有选择，在一定条件下可以这样做的用词，采用“可”。

2 标准中指定应按其他有关标准、规范的规定执行时，写法为“应符合……的规定”或“应按……执行”。

引用标准名录

1 《混凝土模板用胶合板》GB/T 17656
2 《建筑结构荷载规范》GB 50009
3 《混凝土结构设计规范》GB 50010
4 《钢结构设计规范》GB 50017
5 《钢结构工程施工质量验收规范》GB 50205
6 《钢结构焊接规范》GB 50661
7 《施工现场临时用电安全技术规范》JGJ 46
8 《建筑工程大模板技术规程》JGJ 74
9 《钢框胶合板模板技术规程》JGJ 96

上海市工程建设规范

高层建筑整体钢平台模架体系技术标准

DG/TJ 08－2304－2019
J 14818－2019

条 文 说 明

2019　上海

目　次

1　总　则 ……………………………………………………… 61
2　术　语 ……………………………………………………… 62
3　基本规定 …………………………………………………… 69
　3.1　一般规定 ……………………………………………… 69
　3.2　设计与制作 …………………………………………… 69
　3.3　安装与拆除 …………………………………………… 72
　3.4　施工作业 ……………………………………………… 72
4　内筒外架式整体钢平台模架 ……………………………… 73
　4.1　系统构成 ……………………………………………… 73
　4.3　构造要求 ……………………………………………… 73
5　钢柱支撑式整体钢平台模架 ……………………………… 76
　5.2　设计计算 ……………………………………………… 76
　5.3　构造要求 ……………………………………………… 76
6　钢梁与筒架交替支撑式整体钢平台模架 ………………… 78
　6.3　构造要求 ……………………………………………… 78
7　钢柱与筒架交替支撑式整体钢平台模架 ………………… 79
　7.2　设计计算 ……………………………………………… 79
8　加工制作与质量检验 ……………………………………… 80
　8.1　一般规定 ……………………………………………… 80
　8.2　材料要求 ……………………………………………… 80
　8.3　构件制作和部品选择要求 …………………………… 80
　8.5　构件和部品质量检验 ………………………………… 81
9　施工控制与安全管理 ……………………………………… 82
　9.1　一般规定 ……………………………………………… 82
　9.2　安装与拆除 …………………………………………… 82

Contents

1 General provisions ······ 61
2 Terms ······ 62
3 Basic requirements ······ 69
3.1 General requirements ······ 69
3.2 Design and fabrication ······ 69
3.3 Installation and dismantling ······ 72
3.4 Construction work ······ 72
4 Inner framed-tube and outer framed-tube supported type ··· 73
4.1 Composition ······ 73
4.3 Detailing ······ 73
5 Steel column supported type ······ 76
5.2 Design ······ 76
5.3 Detailing ······ 76
6 Steel beam and framed-tube supported type ······ 78
6.3 Detailing ······ 78
7 Steel column and framed-tube supported type ······ 79
7.2 Design ······ 79
8 Fabrication and quality inspection ······ 80
8.1 General requirements ······ 80
8.2 Material ······ 80
8.3 Fabrication and component selection ······ 80
8.5 Quality inspection of components and parts ······ 81
9 Construction control and saftey management ······ 82
9.1 General requirements ······ 82
9.2 Installation and dismantling ······ 82

1 总 则

1.0.2 高层现浇结构主要包括高层建筑中的竖向筒体结构和巨型柱结构，桥梁中的桥塔结构和高架桥的立柱结构可参照本标准执行。

2 术 语

2.0.1 整体爬升钢平台模架装备由钢平台系统、吊脚手架系统、支撑系统、爬升系统、模板系统五部分组成(图 1)。其中钢平台系统、吊脚手架系统、模板系统为通用系统,采用不同类型的支撑系统与爬升系统,则构成不同类型的模架装备。本标准主要涉及四类整体钢平台模架,分别是内筒外架式、钢柱支撑式、钢梁与筒架交替支撑式、钢柱与筒架交替支撑式。其中内筒外架式采用筒架支撑系统与筒架爬升系统;钢柱支撑式采用劲性钢柱或临时钢柱爬升系统,劲性钢柱与临时钢柱同时起支撑系统作用;钢梁与筒架交替支撑式采用筒架支撑系统与钢梁爬升系统;钢柱与筒架交替支撑式采用筒架支撑系统与工具式钢柱爬升系统。

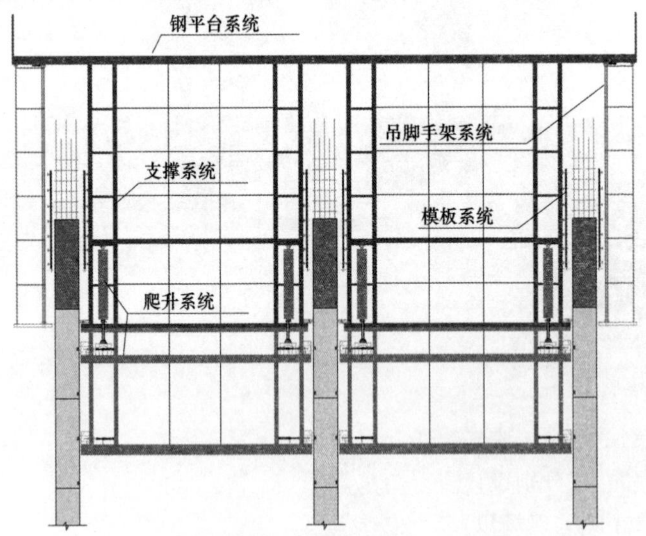

图 1 整体爬升钢平台模架装备系统组成

2.0.2 钢平台系统(图2)是由钢平台框架、盖板、格栅盖板、围挡板、安全栏杆等部件通过组合形成的整体结构,位于整体钢平台模架的顶部,具有较大的承载能力,起到顶部施工作业平台以及物料中转堆场的作用。

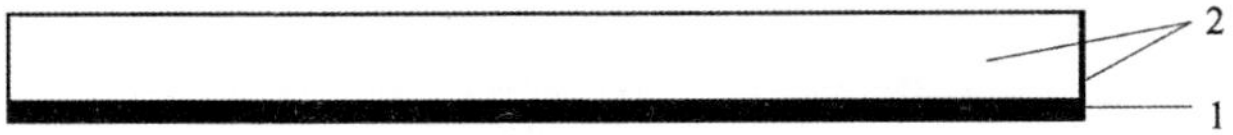

1—钢平台框架;2—钢平台围挡

图2 钢平台系统示意

1 钢平台框架是指由型钢梁或桁架梁根据不同混凝土结构形状、尺寸要求,通过焊接或螺栓连接形成整体,用于施工作业需要的钢结构平台骨架。

2 钢平台盖板是指由型钢骨架与面板根据不同规格要求焊接连接形成,搁置在钢平台框架上,用于放置材料、设备以及施工人员作业的平台板。钢平台盖板由不同大小规格盖板组成,根据钢平台框架形成的区隔进行分块设计。盖板面板建议采用钢制材料,但也可以采用其他材料。

3 钢平台格栅盖板是指由扁钢或扭转圆钢根据间距要求纵横布置,并以不同规格要求焊接形成,搁置在钢平台框架上,用于安全防护或施工人员作业的钢制网格平台板。钢平台格栅板形成的空格可用于将钢筋从钢平台系统传递到吊脚手架系统操作层。钢平台格栅板由不同大小规格格栅板组成,根据钢平台框架形成的区隔进行分块设计。

4 钢平台围挡是指由金属骨架与面板根据不同规格要求连接形成围挡板,通过与金属型材立柱焊接或螺栓连接组成挡墙,用于钢平台系统临边安全防护的围挡。钢平台围挡虽然是按围挡板和立柱分别设计然后连接组成的,但其一般在工厂即已拼装完整,在施工现场以整体形式出现。面板建议采用钢制材料,但也可以采用其他材料,如胶合板等。当围挡板与金属型钢立柱采用钢材时，连接可采用螺栓连接或焊接；当围挡板与金属型钢立柱采用铝材时，连接方式可采用铆接、焊接或螺栓连接；当围挡板面板采用胶合板时，其与金属骨架的连接一般采用螺栓连接。

5 钢平台安全栏杆是指由型钢根据不同规格要求制作，用于洞口临边安全防护的栏杆。钢平台安全栏杆可通过焊接连接或螺栓连接固定在钢平台框架上。

2.0.3 吊脚手架系统为混凝土结构施工提供高空立体作业空间，位于钢平台系统下方、混凝土结构的侧面。在吊脚手架系统中，诸如走道板等部件也可根据需要采用木质材料。脚手架走道板一般可采用钢板网，但为了防止高空坠物，吊脚手架系统底部走道板应采用薄钢板，同时必须安装防坠挡板。

吊脚手架系统（图 3）由脚手吊架、走道板、围挡板、楼梯等部件拼装组成。吊脚手架系统一般采用钢材制作，也可采用铝合金材料，根据需要也可采用一些木质构件。

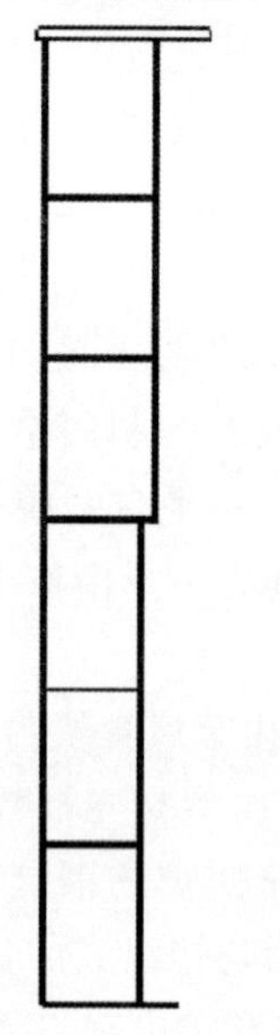

图 3　吊脚手架系统示意

1 脚手吊架是指由竖向和横向金属杆件根据脚手架宽度、步距、总高度要求焊接或螺栓连接形成，悬挂在钢平台框架上，用于脚手架走道板、围挡板连接的脚手架竖向片架。脚手吊架间距根据脚手走道板长度确定。

2 脚手走道板是指由金属骨架与面板根据脚手吊架尺寸、间距要求连接形成，用螺栓或焊接固定在脚手吊架横向金属杆件上，用于放置材料、设备以及施工人员作业的脚手板。脚手走道板根据需要可采用钢材或者铝合金。非底层的走道板一般采用钢板网或铝合金板网，而底层走道板要采用钢板或铝合金板，同时在底部走道板上需要设置防坠挡板。当采用钢材时，脚手走道板的连接以焊接为主；当采用铝合金材料时，脚手走道板的连接以焊接、铆接、螺栓为主。

3 脚手围挡板是指由金属骨架与面板根据脚手吊架尺寸、间距要求连接形成，用螺栓或焊接固定在脚手吊架竖向金属杆件上，用于脚手架外围安全防护的围挡板。与钢平台围挡板类似的，脚手围挡板建议采用钢制材料，但也可以采用其他材料，如铝合金、胶合板等。当脚手围挡板采用钢材时，连接可采用螺栓连接或焊接；当脚手围挡板采用铝合金材料时，连接方式可采用铆接、焊接或螺栓连接。

2.0.4 筒架支撑系统（图 4）用于在施工作业阶段支撑整体钢平台模架，通过其上设置的竖向支撑装置将竖向荷载传递给混凝土结构，通过其上设置的水平限位装置将水平荷载传递给混凝土结构并控制整体钢平台模架的侧向变形。筒架支撑系统与内吊脚手架系统连接，可协同实现脚手功能，此时类似于吊脚手架系统，需要设置脚手走道板以方便进行混凝土施工作业，其中底部走道板需要采用钢板，而其余走道板采用钢板网，底部走道板还需要设置防坠挡板以防止物体坠落。

2.0.6 钢梁爬升系统（图 5）用于在爬升阶段支撑整体钢平台模架，通过其上设置的竖向支撑装置将荷载传递给混凝土结构，并

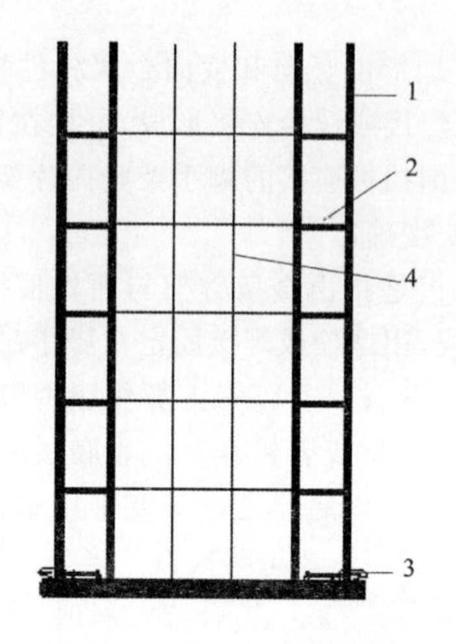

1—竖向型钢杆件；2—横向型钢杆件；

3—竖向支撑装置；4—内吊脚手架系统

图 4　筒架支撑系统示意

1—钢梁式或平面钢框式结构；

2—竖向支撑装置；3—双作业液压缸

图 5　钢梁爬升系统示意

通过双作用液压缸动力系统或蜗轮蜗杆动力系统为装备提供爬升动力。当钢梁爬升系统位于筒架支撑系统下方、处于外露状态时，需要在其底部钢梁式或平面钢框式结构上设置封闭系统，并沿着混凝土结构墙体设置防坠挡板以防止物体从钢梁爬升系统与混凝土结构墙体之间的间隙中坠落。

2.0.7 工具式钢柱爬升系统在整体钢平台模架爬升过程支撑在混凝土结构顶面上，并提供爬升动力。工具式钢柱爬升系统由爬升钢柱、爬升靴组件装置、双作用液压缸动力系统组成。工具式钢柱爬升系统与筒架支撑系统配套使用，可在爬升过程、施工作业过程实现交替支撑，从而实现重复周转使用。

2.0.8 当混凝土结构中布置有永久劲性钢柱时，可在施工过程利用劲性钢柱作为整体钢平台模架的支撑，形成劲性钢柱爬升系统。采用劲性钢柱时，整体钢平台模架的支撑系统与爬升系统是合二为一的。爬升阶段劲性钢柱结合其上设置的蜗轮蜗杆动力系统为装备提供爬升动力；作业阶段钢平台系统通过竖向支撑装置搁置在劲性钢柱上，劲性钢柱成为整体钢平台模架的支撑钢柱。

2.0.9 临时钢柱是为混凝土结构施工而专门设置的临时结构，临时钢柱埋入混凝土结构后无法拆除。临时钢柱需要根据施工要求进行专门设计，通常采用格构式钢柱的形式。采用临时钢柱时，整体钢平台模架的支撑系统与爬升系统是合二为一的。爬升阶段临时钢柱结合其上设置的蜗轮蜗杆动力系统或双作用液压缸动力系统为装备提供爬升动力，作业阶段钢平台系统通过承重销搁置在临时钢柱上，临时钢柱成为整体钢平台模架的支撑钢柱。所谓承重销，是指由钢板或型钢制作的短梁，用于设置在爬升钢柱上支撑蜗轮蜗杆动力系统以及钢平台系统的装置；承重销既在作业阶段用于搁置钢平台系统，也在爬升过程调节动力设备时用于临时搁置钢平台系统。

2.0.11 防坠挡板是整体钢平台模架保证高空作业安全的关键部件。在整体钢平台模架施工作业时，防坠挡板与混凝土墙面紧贴，起到防止高空坠物的作用；在整体钢平台模架爬升时，防坠挡板与混凝土墙面应留有一定的间隙，以防止装备摩擦混凝土墙面造成爬升困难。

防挡板通常有两种类型，分别是移动式闸板、转动式挡板。

前者通过金属薄板水平式移动后顶紧混凝土结构墙体实现间隙封闭，后者通过金属薄板转动后依靠在混凝土结构墙体上实现间隙封闭。采用移动式闸板形式时，间隙封闭效果更好，而且操作方便，一般推荐采用移动式闸板形式。

2.0.12 竖向支撑装置是承受钢平台系统、吊脚手架系统、支撑系统、模板系统、爬升系统五部分荷载的重要装置，主要分为两种类型，一种为接触支撑式，如支撑在混凝土结构支承凹槽上时，另一种为螺栓连接支撑式，如支撑在钢牛腿支承装置时。

2.0.13 水平限位装置包括附墙导轮、反向附墙导轮等。需要指出的是，为了约束钢梁爬升系统与筒架支撑系统的相对位置，二者之间也会设置约束水平限位装置，这种装置不属于本术语的范畴。

2.0.14 蜗轮蜗杆动力系统通常是两个一组共同工作，可以实现提升功能，故蜗轮蜗杆动力系统一般位于整体钢平台模架的顶部。

2.0.15 双作用液压缸动力系统具备顶升和顶推功能，除了可以驱动及控制整体钢平台模架爬升外，还能实现一些功能部件的移位，包括：用于顶推竖向支撑装置的钢牛腿使其能够支撑在混凝土结构支承凹槽上，在混凝土结构墙体收分时用于顶推吊脚手架系统等。

3 基本规定

3.1 一般规定

3.1.2 整体钢平台的做法多种多样，方案的选择应本着安全适用、经济合理、构造简单、受力明确、施工高效的原则，根据结构本身特点和施工需要确定。

因整体钢平台在施工作业面上方，因此，整体钢平台的设计需综合考虑其下方的结构劲性柱、伸臂桁架、剪力钢板的安装便利性和钢平台本身的安全性；当混凝土结构体型随高度变化时，还应考虑整体钢平台空中分体的便利性和安全性。

3.1.3 施工作业包括作业、非作业两种情况。非作业情况是指由于受天气影响，出于安全考虑，不允许作业人员在整体钢平台上作业的情况，此种情况下一般需要对整体钢平台采取必要的加固措施。

3.1.4 检测一般包括整体钢平台模架各子系统的性能指标和安装质量，对于首次采用的整体钢平台模架，还应进行承载力检测和爬升同步性检测。

3.1.5 专项方案应通过专家评审。

3.1.6 风速仪应设置在整体钢平台顶部且高于围挡，还应采取措施防止遭到破坏。

3.2 设计与制作

3.2.1 与施工塔吊的协调主要是指整体钢平台爬升与塔吊爬升互不影响；与施工升降机的协调是指当水平楼层结构后施工且施

工升降机安装在结构内部，施工升降机的到达高度与整体钢平台位置的衔接关系；布料设备的协调主要是指当布料设备安装在钢平台面上时，钢平台设计应考虑混凝土布料时布料设备对钢平台的作用荷载。

3.2.2 相关试验研究的内容包括风荷载取值、结构节点的受力和变形特点等。

3.2.3 施工作业工况包括安装、拆除、爬升和使用工况，使用工况又分为作业工况和非作业工况，爬升工况下整体钢平台模架的荷载通过爬升柱或爬升梁传导至结构，使用工况下整体钢平台直接搁置在结构上。

3.2.4 脚手架系统施工活荷载应包括施工人员与材料堆载，脚手架系统为悬挂结构，为增加其安全性，其荷载取值应适当放大。建议将脚手架每一作业层的荷载定为 3.0kN/m^2，是指所有荷载均布化后取 3.0kN/m^2。如有专用机械，其荷载应按专用机械的实际位置确定。

在爬升工况中，钢平台系统与脚手架系统上的施工人员应撤离，施工材料与设备也撤离到整体钢平台模架结构以外的区域。脚手架系统每一作业层的活荷载取为 1.0kN/m^2，主要是为了满足人员操作动力系统的需要，也考虑到脚手架上会残留少量施工材料与建筑垃圾。如果模板在清理过程中搁置在脚手架上，在脚手架荷载中还需要考虑模板自重。

3.2.5 本条针对风荷载标准值给出了两种取值方法，一种方法是考虑重现期按现行国家标准《建筑结构荷载规范》GB 50009 取值，另一种方法是结合整体钢平台模架施工阶段的控制风速取值。采用后一种取值方式的优势在于，可以确保定型设计的整体钢平台模架产品在全国范围内使用时都能够遵循统一的施工过程控制标准。

根据工程实践经验，当 10min 平均风速大于 12.0m/s(6 级风)时，不应进行整体钢平台模架的安装与拆除；当 10min 平均风速大于 18.0m/s(8 级风)时,不应进行整体钢平台模架的爬升;当 10min 平均风速大于 32.0m/s(约为 12 级风的下限)时,应撤离模架上的施工人员并停止作业。与之对应的,进行安装与拆除过程整体钢平台模架结构及其临时支撑体系验算时,计算风压可偏于安全地按计算风速=14.0m/s 确定;爬升阶段的计算风压可按计算风速=20.0m/s 确定,作业阶段的计算风压可按计算风速=36.0m/s 确定。由于计算风速取值位置为整体钢平台模架的最高处,故不需考虑风压高度变化系数。

风振系数在通常情况下可取 1.0,在对整体钢平台模架状态无法准确把控的情况下可取 1.3。

在非作业阶段,整体钢平台模架通过与混凝土主体结构之间增设连接的方式增强整体性,依靠混凝土主体结构抵抗风荷载。所以,在非作业阶段进行整体钢平台模架结构及其加固措施验算时,风荷载标准值根据现行国家标准《建筑结构荷载规范》GB 50009 的规定,并考虑风压高度变化系数确定。当计算得到的非作业阶段风荷载标准值不大于按式(3.2.5-1)和式(3.2.5-2)计算得到的作业阶段风荷载标准值时,则说明整体钢平台模架依靠自身即可抵抗所取重现期内可预见的最大风荷载,在施工过程中不需要进行加固。

3.2.6 本条对整体钢平台模架结构的设计计算内容作了规定。1.2 倍的系数是基于动力设备既有足够的安全性又有经济性而确定的。

3.2.7 标准模块化的构件是指易于运输的标准单元构件,可通过螺栓连接方式拼接成各子系统。

3.2.8 全封闭方式是为了安全施工,防止物体坠落需要;全封闭方式的侧向围挡板,网眼大小应不大于 10mm;在使用工况下,吊脚手架底部以及支撑系统或钢梁爬升系统底部与结构墙体间应设置防坠挡板。

3.2.13 本条对原材料供应商提出要求,是为了保证原材料和部件的质量和可追溯性。

3.3 安装与拆除

3.3.2 钢平台安装、拆除的分块应根据垂直运输设备的起重能力和拼装场地条件确定，在满足起重能力的条件下分块应尽量大；分块还应根据各子系统的结构受力特点确定，当安装、拆除过程中各子系统为不稳定结构时应采取临时支撑措施。

3.4 施工作业

3.4.1 整体钢平台验收完成后实施挂牌施工作业制度是规范项目管理，确保安全施工的必要措施，施工过程中还应该经常检查，保证装备完好。

3.4.3 一般以风速记录仪测得的风速为准，天气预报数据作为参考。

3.4.5 混凝土浇筑时应留置同条件养护试块，条文中所述混凝土抗压强度是同条件养护试块的抗压强度。

3.4.7 底部防坠挡板是整体钢平台模架防止高空坠物的必要措施，在整体钢平台模架爬升时所有防坠挡板均要脱离墙面，爬升完成后，应复位与墙面密贴。

3.4.9 清理废弃物的目的是减少附加荷载，废弃物主要包括建筑垃圾、不用的施工机具等。

3.4.11 信息化控制主要包括荷载控制、位移控制、爬升姿态控制等。

4 内筒外架式整体钢平台模架

4.1 系统构成

4.1.1 在内筒外架式整体钢平台模架中，筒架爬升系统俗称内筒，筒架支撑系统俗称外架。此套装备最早应用于上海东方明珠电视塔核心筒结构施工中。

4.3 构造要求

4.3.1 本条对钢平台系统构造进行了规定。

2 钢平台框架采用桁架形式时，可根据设计要求采用焊接或螺栓连接形式；分块制作的钢平台框架宜采用螺栓连接方式连成整体。

3 盖板应在型钢骨架上设置不少于4个吊环。盖板下方应设置滑移挡块；相邻两块盖板应留有一定的间隙，间隙大小宜为3mm～5mm。

4 钢平台围挡高度不宜小于2m，围挡板宽度不宜大于1.8m，型材立柱间距不宜大于1.8m；钢平台围挡面板可采用金属网板、镀锌冲孔板等。

5 安全栏杆下横杆离地高度不应大于0.3m，横杆间距不宜大于500mm，立柱间距不应大于1.8m。安全栏杆底部应设置高度不小于100mm的踢脚板。

4.3.2 本条对吊脚手架系统构造进行了规定。

1 吊脚手架系统与现浇混凝土结构侧面的水平净距，底部脚手走道板不宜大于100mm，其余脚手走道板不应大于500mm。

2 相邻脚手吊架的间距不宜大于1.8m；脚手吊架宽度不宜小于0.7m，且不宜大于1.2m；脚手步距不应大于2.2m。

3 底部走道板宽度不宜小于0.85m，且不宜大于1.7m；其余脚手走道板宽度不宜小于0.7m，且不宜大于1.2m；脚手走道板长度不宜大于1.8m。底板作为整体提升脚手架的最底部走道板，除了起到施工走道和操作平台的作用，还要兼顾对整体脚手架进行封闭的作用。所以在设计底板时就要求底板距离混凝土墙体的距离要近，最好距离趋近于零，即实现了全封闭。但是如果设计底板时底板与墙体之间不留间隙会导致整体脚手架在爬升过程中，脚手架与墙体会产生摩擦，造成脚手爬升困难或无法爬升。为了解决这个矛盾，在设计底板时，让底板与墙体之间预留100mm间隙。这个间隙在脚手架爬升过程中能够保证脚手架与墙体不产生碰撞。在施工过程中通过设置闸板或翻板的形式将该间隙遮盖。

4 脚手围挡板高度不宜大于2.2m，围挡板宽度不宜大于1.8m。

4.3.3 本条对内筒外架式整体钢平台模架的支撑系统与爬升系统的构造作出了规定：

1 横向型钢杆件上应设置螺栓孔，满足走道板的固定需要。

5 转动式竖向支撑装置的箱体反力架宜采用钢板焊接制作，转动式承力销宜采用钢板制作，转动式承力销宽度不宜小于50mm，且不宜大于100mm；转动式承力销限位销轴直径不宜小于28mm，承力销搁置点顶部宜采用斜面设计。

4.3.5 本条对模板系统的构造进行了规定。

5 2个吊点作为提升使用，1个作为保险装置。为了使相邻模板成为整体，一般采用围檩接缝与模板接缝错位处理方法，但这样对大模板施工非常不便，因此，采用围檩与模板相同宽度的形式。为了使模板能有更好的整体性，在围檩端头进行节点处理，使相邻模板围檩连为整体。

7 面板采用钢板时，焊脚尺寸不宜小于 4mm，宜采用跳焊形式，每段焊缝长度不宜小于 30mm，焊缝间距宜为 150mm～200mm。面板采用木模板时，螺栓间距不宜大于 300mm；背肋与围檩的连接宜采用焊接，焊脚尺寸不宜小于 4mm。

5 钢柱支撑式整体钢平台模架

5.2 设计计算

5.2.2 钢柱支撑两端支承处的约束刚度会影响到其承载力与刚度，可通过修正构件的计算长度考虑此效应的影响。例如，对临时钢柱支撑及劲性钢柱支撑而言，虽然埋入混凝土中的支撑钢柱底部可视作刚接，但考虑到新浇筑混凝土强度并不高，难以达到完全刚性的条件，故建议其支撑点取至埋入位置向下500mm处。

5.3 构造要求

5.3.3 超高层结构设计中，核心筒采用钢筋混凝土结构，外部采用钢框架结构，是一种常见的形式。在核心筒内会设置部分劲性钢柱，用于与外围钢结构的连接。在设计整体钢平台模架过程中，可考虑利用混凝土结构劲性钢柱作为模架的爬升和支撑系统。劲性钢柱采用H型钢、箱型、钢管等截面形式。

5.3.4 临时钢柱竖向一般按楼层高度来设置，本条第4款中所述临时钢柱之间的连接是指上、下两层临时钢柱之间的连接。

由于临时钢柱是专门为整体钢平台模架设置，所以在设计与布置临时钢柱时，在受力合理的前提下，应以方便整体钢平台模架施工为主要原则。经过计算和大量的工程实践证明，临时钢柱采用热轧角钢和钢板组成的焊接格构柱，既可以满足装备支撑的需要，又能够最大限度地降低钢材的使用量，降低施工成本。临时钢柱的布置间距一般控制在6m左右，并尽量避免在以下部位设置临时钢柱:①结构暗柱位置,此处钢筋密度较大,布置临时钢柱会影响钢筋的绑扎工作;②窗、门洞口位置,此处设置钢柱会影响模板施工。

6　钢梁与筒架交替支撑式整体钢平台模架

6.3　构造要求

6.3.3　竖向支撑装置作为装备施工工作状态下的支撑部件，需要承受钢平台自重、施工堆载、施工活荷载、风荷载等多种荷载的组合，所以竖向支撑装置必须牢固、安全可靠。

6.3.4　由于结构层高通常为 4m～6m，如果采用单行程达到 6m 的液压缸，不但会增加液压缸和筒架支撑系统的造价，而且会造成爬升过程稳定性下降。所以，综合各方面因素，推荐采用一个楼层两次爬升的方案。

7 钢柱与筒架交替支撑式整体钢平台模架

7.2 设计计算

7.2.2 在爬升状态，筒架支撑系统与钢平台系统的连接节点主要承受拉力与弯矩作用；在作业状态，连接节点主要承受压力与弯矩作用。

7.2.4 在整体钢平台模架爬升过程中，爬升靴装置处于复杂受力状态，采用有限元方法对爬升靴装置进行承载力验算是一种可靠做法。

7.2.5 为防止工具式钢柱受弯的侧向变形过大，工具式钢柱柱脚的锚栓不宜出现拉力。出现拉力时，应对柱脚混凝土局部受压单独设计。

8 加工制作与质量检验

8.1 一般规定

8.1.1 整体钢平台模架主要采用钢结构体系，对钢结构的制作单位的设备和人员具有一定的要求。

8.1.3 钢平台重要构件应做抽样检测和复试，以确保钢平台在使用过程中的安全。

8.1.4 因整体钢平台模架为重大危险源，其构件制作质量的好坏直接影响装备的安全。

8.2 材料要求

8.2.2 控制钢板厚度主要是考虑钢平台面层应既能满足刚度要求又不至于太重。

8.2.3 格栅盖板的跨度较大。一般超过 1m，最大达 2m 以上，要求盖板具有一定的刚度和承载力，通常采用扁钢或圆钢制作。

8.2.4 围挡板的做法各种各样，控制围挡板开孔率，主要是考虑在增加透风系数的前提下保证围挡板具有一定的刚度。

8.2.5 因在整体钢平台模架中更换模板较为麻烦，所以尽量使用周转次数多的胶合板，减少模板面板的更换频率，在施工中面板更换次数尽量不多于 2 次。

8.3 构件制作和部品选择要求

8.3.5 工具式钢柱承载力要求高，因此应采用通长条板焊接制作。

8.3.7 本条对双作用液压缸动力系统的同步性作了规定，主要是为了保证各液压缸的承载力不超过额定承载力，各液压缸不均匀顶升或爬升而产生的附加应力控制在允许范围内。对液压缸侧向承载力提要求，主要是因为整体钢平台模架在顶升时会由于整体垂直度偏差或水平风荷载作用产生水平力。

8.5 构件和部品质量检验

8.5.8 爬升靴是钢柱筒架交替支撑式整体钢平台爬升的主要部件，其控制手柄实施换向的灵活程度直接影响钢平台的顺利爬升。爬升靴控制手柄、换向限位块装置和弹簧装置的联动测试应符合设计要求。

9 施工控制与安全管理

9.1 一般规定

9.1.1 整体钢平台模架安装、爬升、拆除作业人员具备的资格包括：项目负责人和安全负责人、机械管理人员要持有安全生产考核合格证书；建筑起重工、机械安装拆卸工等要具备建筑施工特种作业操作资格证书。

9.1.2 交底要有书面记录，交底内容应包括人员的持证上岗、现场安全警戒、场地的组织堆放、机械设备的配置、通信工具及消防设施。

9.1.4 整体钢平台模架顶部设置风速仪，最大风速是依据风速仪所测风速和天气预报结合来确定。

9.2 安装与拆除

9.2.4 安装吊脚手架前应先拆除吊脚手架高度范围内的原作业脚手架；安装底层走道板防坠挡板时，相邻防坠挡板之间的空隙不宜大于3mm。

9.2.5 筒架支撑系统宜在地面组装成整体进行安装。不能整体安装时，筒架支撑系统的支撑框架宜组成整体进行安装；竖向限位系统和水平限位系统宜在筒架支撑系统组装时一并安装固定；筒架支撑系统应根据整体钢平台模架专项方案内的安装编号对号入座进行轴线复核、构件就位、安装、调整、紧固。采用分片、分块安装方式时，在形成整体前应设置可靠稳定措施。

9.2.7 整体钢平台模架安装完成后，应在空载与负载爬升情况下分别对机械及液压动力系统的性能进行调试。动力系统的调试验收是安装质量验收的重要组成部分。

9.2.9 整体钢平台模架质量检验由项目技术负责人组织，安装单位与监理单位参与。当体型发生变化时应针对实际情况，重新进行设计，并作安装质量检验记录。质量检验记录需要保存至施工结束。

9.2.13 整体钢平台模架分块拆除，应考虑剩余结构在拆除过程中的安全与稳定性。在起重机械满足要求的前提下，筒架支撑系统宜采取整体拆除方式。

9.2.14 整体钢平台模架空中分体是指，当整体钢平台在遇到建筑物结构伸臂桁架层或者因结构体型变化的施工，需要拆除部分构件或部件后再进行施工的工艺。第2款中，钢平台框架梁间隔拆除是指，连排的框架连梁不能连续拆除，否则将会影响钢平台系统的整体刚度。